高职高专新商科系列教材

宴会设计与服务

杨 程 主 编

陈柯璇 杜馨紫 张晓婷 贺亚春 副主编

清華大學出版社
北 京

内 容 简 介

本书紧密结合宴会设计与服务的发展及研究前沿，根据宴会策划经营环节中的主要工作内容设置学习模块，汇集了多个宴会的经典案例，注重理论与实践相结合，引导学生在学习宴会基本知识的同时，掌握相应的工作技能。全书共 8 个项目，包括宴会知识概述、中国名宴赏析、宴会布草设计、宴会服务设计、主题宴会设计、中餐宴会服务、西餐宴会服务、宴饮文化。本书注重以经典的宴会向学生展现我国历史悠久的宴会文化，有助于增强学生的文化自信与民族自豪感。

本书可作为高等职业院校旅游大类专业的课程教材，也可作为相关从业人员的培训教材和参考用书。

图书在版编目（CIP）数据

宴会设计与服务 / 杨程主编 . — 北京 : 清华大学出版社，2023.7
高职高专新商科系列教材
ISBN 978-7-302-64181-0

Ⅰ.①宴… Ⅱ.①杨… Ⅲ.①宴会 – 设计 – 高等职业教育 – 教材 Ⅳ.① TS972.32

中国国家版本馆 CIP 数据核字（2023）第 119208 号

责任编辑：强　微
封面设计：傅瑞学
责任校对：刘　静
责任印制：曹婉颖

出版发行：清华大学出版社
　　　网　　　址：http://www.tup.com.cn，http://www.wqbook.com
　　　地　　　址：北京清华大学学研大厦 A 座　　　邮　编：100084
　　　社 总 机：010-83470000　　　邮　购：010-62786544
　　　投稿与读者服务：010-62776969，c-service@tup. tsinghua. edu. cn
　　　质量反馈：010-62772015，zhiliang@tup. tsinghua. edu. cn
　　　课件下载：http://www. tup. com. cn，010-83470410
印 装 者：三河市龙大印装有限公司
经　　销：全国新华书店
开　　本：185mm×260mm　　　印　张：7.5　　　字　数：175 千字
版　　次：2023 年 7 月第 1 版　　　印　次：2023 年 7 月第 1 次印刷
定　　价：38.00 元

产品编号：093371-01

前言

　　宴会是人们饮食生活中常见的社交活动形式，是以饮食的方式进行情感交流，从而达到不同目的的人际交流活动。大至国家之间的外交往来，小到百姓家的丧葬嫁娶，几乎都可以通过宴会的形式进行，宴会也因此成为文化民俗研究的重要内容。宴会是不同地区、不同时代人类精神文明和物质文明集中体现的重要形式，举办宴会是社会餐饮行业的主要任务。

　　宴会设计与服务是高等职业院校餐饮智能管理专业的核心课程，其教学内容可以使学生具备服务设计、宴会设计、餐饮产品组合设计与一定的创新能力，有助于培养具有工匠精神和信息素养，能够从事餐厅服务与管理工作的高素质技术技能人才。本书紧密结合宴会设计与服务发展及研究前沿，根据宴会策划经营环节中的主要工作内容设置学习模块，汇集了多个宴会的经典案例，注重理论与实践相结合，引导学生在学习宴会基本知识的同时，掌握相应的工作技能。全书共分为8个项目，包括宴会知识概述、中国名宴赏析、宴会布草设计、宴会服务设计、主题宴会设计、中餐宴会服务、西餐宴会服务、宴饮文化。内容简明扼要，文字通俗易懂，操作流程清晰。本书具有以下特点。

　　1. 贴合岗位所需知识与技能

　　目前，我国对宴会的研究涉及宴会产生和发展的历史，宴会在饮食文化中的地位和作用，宴会在文化、科学、艺术等方面的实际内涵，宴会与饮食民俗学的关系，以及宴会设计、组织和管理等方面。正因宴会具有如此丰富的内涵，餐饮行业迫切需要掌握宴会的设计、组织、管理等方面实务的技能型人才。本书紧扣酒店、餐饮行业实际需要，在编写过程中保持务实的态度，以宴会部的经营管理活动和运作流程为主线，培养学生从事中、西餐零点接待的服务技能和基层管理能力，贴合岗位所需知识与技能，可满足学生进入相关岗位的技能需求。

　　2. 具有鲜明的民族性和时代性

　　党的二十大报告指出，全面建设社会主义现代化国家，必须坚持中国特色社会主义文化发展道路，增强文化自信，发展面向现代化、面向世界、面向未来的，民族的科学的大众的社会主义文化，增强实现中华民族伟大复兴的精神力量。要增强中华文明传播力影响力，坚守中华文化立场，提炼展示中华文明的精神标识和文化精髓。宴会与饮食文化的其他主题一样，具有明显的民族性和时代性。民族性要求我们在设计、组织和实施不同目的的宴会活动时，要集中并且大力弘扬中国饮食文化的优良传统；时代性要求我们正视当前的饮食活动与现代社会生活，强化宴会活动的科学内涵，使宴会成为培养人们良好的生活习惯、增进身心健康、促进饮食营养平衡、确保食品安全和卫生的健康、文明的社会饮食活动。对此，本书在每个项目的开篇加入了"宴会赏析"模块，以古今经典的宴会向学生展现我国历史悠久的宴会文化，从而增强学生的文化自信与民族自豪感。

本书在编写过程中参考了大量文献，在此向文献作者表示衷心的感谢。由于编者水平有限，书中难免有不足之处，敬请专家、学者和广大读者不吝赐教。

编　者

2023 年 2 月

目 录

项目一　宴会知识概述...**001**
　　任务一　宴会基础知识...001
　　任务二　宴会设计认知...005

项目二　中国名宴赏析...**011**
　　任务一　古代名宴...011
　　任务二　现代筵品...016

项目三　宴会布草设计...**021**
　　任务一　宴会场景设计...021
　　任务二　宴会格局设计...036

项目四　宴会服务设计...**042**
　　任务一　宴会餐台设计...042
　　任务二　宴会菜单设计...049

项目五　主题宴会设计...**064**
　　任务一　主题宴会设计概述...064
　　任务二　主题宴会设计方法...067

项目六　中餐宴会服务...**074**
　　任务一　中餐宴会服务特点...074
　　任务二　中餐宴会服务程序...081

项目七　西餐宴会服务...**090**
　　任务一　西餐宴会服务特点...090
　　任务二　西餐宴会服务程序...092

项目八　宴饮文化...**099**
　　任务一　中国饮食习俗...099
　　任务二　中西宴会礼仪...106

参考文献...**111**

项目一　宴会知识概述

任务一　宴会基础知识

1. 掌握宴会的含义。
2. 掌握宴会的特征。
3. 了解宴会的规格和类型。

1. 能够描述宴会的特征。
2. 能够根据实际情况分析不同类型的宴会。

宴会赏析

风云突变的宴会——鸿门宴

出席人物：

刘邦、张良、樊哙、曹无伤、项羽、范增、项庄、项伯

宴会始末：

秦末，刘邦与项羽各自攻打秦朝的部队，刘邦的兵力虽不及项羽，但刘邦先破咸阳，项羽勃然大怒，派英布攻打函谷关。刘邦的左司马曹无伤派人在项羽面前说，刘邦打算在关中称王，项羽听后更加愤怒，下令次日一早让兵士饱餐一顿，击败刘邦的军队。

一场恶战在即。刘邦从项羽的叔父项伯口中得知此事后，惊讶万分。刘邦两手恭恭敬敬地给项伯奉上一杯酒，祝项伯健康、长寿，并约为亲家。刘邦通过感情拉拢说服了项伯，项伯答应为之在项羽面前说情，并让刘邦次日前来，见谢项羽。

鸿门宴上，虽不乏美酒佳肴，但暗藏杀机。项羽的亚父范增，一直主张杀掉刘邦，在酒宴上，一再示意项羽发令，但项羽却犹豫不决。范增召项庄舞剑为酒宴助兴，想趁机杀掉刘邦。项伯为救刘邦，也拔剑起舞，掩护刘邦。在危急关头，刘邦的部下樊哙带剑拥盾闯入军门，怒视项羽。项羽见此人气度不凡，问来者为何人，当得知为刘邦的参乘时，即命赐酒，刘邦乘机一走了之。刘邦部下张良入门为刘邦推脱，说刘邦不胜酒力，无法前来道别，现向大王献上白璧一双，并向大将军范增献上玉斗一双。不知深浅的项羽收下了白璧，气得范增拔剑将玉斗击碎。

一、宴会的含义

早在农业出现之前，原始氏族部落就在季节变换的时候举行各种祭祀、典礼仪式，这些仪式往往有聚餐活动。农业出现以后，因季节的变换与耕种和收获的关系更加密切，人们也要在规定的日子里举行盛宴，以庆祝自然的馈赠和人的相聚。

中国宴会较早的文字记载，见于《周易·需》中的"饮食宴乐"。随着菜肴品种的不断丰富，宴饮形式向多样化发展，宴会名目也越来越多。人们通过宴会，不仅可以获得饮食与艺术的享受，而且可以增进彼此的关系。

宴会又称燕会、筵宴、酒会，是因习俗或社交礼仪需要而举行的宴饮聚会，是社交与饮食结合的一种形式。宴会上的一整套菜肴席面称为筵席，由于筵席是宴会的核心，因而人们常将这两个词视为同义词。

二、宴会的特征

（一）社交性

社交性是指宴会的社会特征。人们为各种社交目的与感情交流需要而设宴欢聚一堂，如国际交往、国家庆典、亲朋聚会、欢度佳节、红白喜事、饯行接风、酬谢恩情、疏通关系、乔迁置业、商业谈判等。宴会可以商谈共同主题，聚集亲朋好友，品味佳肴美味，满足口腹之福，畅谈心中之事，增进人际了解，深化情感友谊，所以《礼记》有云："故酒食者，所以合欢也"。人们常在品尝佳肴饮琼浆、促膝谈心交朋友的过程中，疏通关系，增进了解，加深情谊，解决一些其他场合不容易解决的问题，从而实现社交的目的。宴会具有气氛隆重、消费标准高、就餐人数多、讲究服务礼仪、服务标准化等特点。中国宴会历来是在多人围坐、亲密交谈的欢乐气氛中进行的，可以 8 人、10 人，或者 12 人一桌，其中以10 人一桌的形式为主，因为这具有"十全十美"的吉祥寓意。

（二）规格化

规格化是指宴会的内容特征。宴会十分强调档次与规格，并要求因时选菜、因需配菜、因人调菜、因技烹菜；宴会格局配套、席面美观考究、菜品丰盛多样、菜点制作精美、餐具雅丽精致；宴会场地布置、宴会节奏掌控、员工形象选择、服务程序配合等方面考量周全，使宴会环境优美、风格统一、工艺丰富、配菜科学、形式典雅、气氛祥和、礼仪规范、秩序井然、接待热情、情趣怡然；冷碟、热炒、大菜、甜品、汤品、饭菜、点心、茶酒、水果、蜜脯等，均按一定质量和比例，分类组合，前后衔接，依次推进。

（三）礼仪性

我国宴会注重礼仪的传统由来已久，世代传承。"夫礼之初，始诸饮食"，礼仪是中国宴会的重要因素，通过宴席可以达到宣扬教化、陶冶性灵的目的。古代许多大宴，都有钟鼓奏乐、诗歌答奉、仕女献舞和艺人助兴，这均是礼的表现，是对客人的尊重。现代宴会在继承过程中仍保留了许多优雅、合理的礼节与仪式，如发送请柬、车马迎宾、门前恭候、问安致意、献烟敬茶、专人陪伴；入席彼此让座，斟酒杯盏高举，布菜"请"自当先，退席"谢"字出口；注重仪容的修饰，衣冠的整洁，表情的谦恭，谈吐的文雅，气氛的融洽，相处的真诚；规范餐室的布置，台面点缀，上菜程序，菜品命名；嘘寒问暖，尊老爱幼，优待女士，照顾伤残等。此外，在一些重大的宴会中，还要注意尊重主宾所在国家或民族的风俗习惯及宗教感情，可见宴会中的礼仪十分重要。

（四）艺术性

宴会中有席单设计的艺术、菜肴组配的艺术、原料加工的艺术、色调协调与搭配的艺术、盛器与菜肴形色配合的艺术、冷拼雕刻造型与装饰的艺术、餐室美化和台面点缀的艺术、服务语言的艺术、着装的艺术等多方面的内容。

三、宴会的规格

宴会的规格，又称宴会档次或宴会等级。餐饮行业将宴会分为四种规格，即普通宴会、中档宴会、高级宴会和特等宴会。

（一）普通宴会

普通宴会价格较低，多用于民间的婚、寿、喜、庆以及企事业单位的社交活动，食品原材料以禽畜肉品、普通鱼鲜、四季蔬菜和粮豆制品为主，另外有少量低档的山珍海味。普通宴会的制作简易，讲求实惠，油多量大，菜名朴实。

（二）中档宴会

中档宴会的价格略高于普通宴会，常用于较隆重的庆典或公关宴会，食品的原材料以优质的禽肉、畜肉、鱼鲜、蛋奶和时令蔬果为主，另外有适量的山珍海味。中档宴会的取料精细，重视风味特色，菜品多由地方名菜组成，餐具整齐，席面丰满，格局较为讲究。

（三）高级宴会

高级宴会的价格较高，多用于接待知名人士或外宾、归侨，食品的原材料多取用动植物原料的精华，山珍海味约占 40%。高级宴会的菜品调理精细，味重清鲜，餐具华美，菜品的命名雅致，文化气质浓郁，席面丰富多彩。

（四）特等宴会

特等宴会的售价高昂，多用于接待显要人物或贵宾，食品的原材料为全国各地著名的特产精品，山珍海味高达 60% 左右。特等宴会通常配全国知名的美酒佳肴，菜名典雅，盛器名贵，席面隆重。

四、宴会的分类

（一）按菜式分类

按菜式分为中餐宴会和西餐宴会。

（1）中餐宴会是指菜点、饮品以中式菜品和中国酒水为主，使用中国餐具，并按中式服务程序和礼仪服务的宴会。中餐宴会反映了中华民族传统文化的特质，其就餐环境与气氛凸显浓郁的民族特色，是我国目前最为常见的宴会类型。

（2）西餐宴会是指按照西方国家的礼仪习俗举办的宴会，其特点是遵循西方饮食习惯，采取分餐制，以西菜为主，用西式餐具，讲究酒水与菜肴的搭配。

（二）按宴会的规格和隆重程度分度

按宴会的规格和隆重程度分为正式宴会和便宴。正式宴会包括餐桌服务式宴会、冷餐会（自助餐式）、鸡尾酒会、茶话会。

（1）餐桌服务式宴会特点是礼仪周到，菜品规格要求高，环境考究；宴会中的座位安排和宾客的身份有关；餐具、酒水的摆放有严格的要求；菜单精美，有时会派发请柬。

（2）冷餐会（自助餐式）的特点是举办场地选择余地较大，室内室外均可；场地布置灵活多样，不设主宾，不排席位；菜点一般要求较稳定，以冷食为主；冷餐会举办的时间一般在中午12时至下午2时，或下午5时至晚上9时；宴会的规模、规格比较灵活，可随意根据参与人数和宾客身份而定。

（3）鸡尾酒会盛行于欧美，在我国通常被称为酒会，其特点是提供的菜肴饮品以酒水为主，尤其是鸡尾酒等混合调制饮料，再配以少量小食；酒会形式简单灵活；酒会举行时间灵活；形式较为自由，便于就餐者的接触交谈。

（4）茶话会是各类社团组织、单位或部门在节假日或需要之时而举行的一种以饮茶、吃点心为主的欢聚或答谢的宴席形式。其基本特点是场地、设施要求简单；饮品以茶为主，略备茶点、水果；茶叶、茶具的选择精细讲究；应用越来越广泛。

便宴形式比较自由、灵活，菜肴可根据宴会人员安排高低丰简。

（三）按菜品构成特征分类

按菜品构成特征分为仿古宴会、风味宴会、全席宴、素宴。

（1）仿古宴会是指将古代较具特色之宴会融入现代文化而产生的宴会形式。对古代宴会进行挖掘、整理、吸收、改进、提高和创新。

（2）风味宴会是指宴会菜、原料、烹调技法和就餐与服务方式具有较强的地域性或民族性的宴会。

（3）全类宴会是指宴会的所有菜品均以一种原料，或者以具有某种共同特性的原料为主料烹制而成，如全羊、全鸭、全鱼、满汉全席等。

（4）素席是指菜品均由素食菜肴组合而成的宴会，如寺院素菜、商业素菜等。

（四）按宴会的性质与主题分类

宴会按其性质与主题可分为公务宴会、国宴、商务宴会、亲情宴会。

（1）公务宴会是指政府部门、事业单位、社会团体及其他非营利性机构或组织因公务事项举办的宴会。其特点是接待活动围绕宴会的公务活动主题开展；讲究礼仪，注重环境设计；有固定的程序和规格。

（2）国宴是指国家领导人为国家重大庆典，或为外国元首、政府首脑到访举行的正式宴会。其特点是政治性强，礼节特殊而隆重；宴会环境高贵，气氛热烈庄重；格局设计要体现本国特色，又要考虑来宾的宗教信仰和饮食习惯。

（3）商务宴会主要是指各类企业和营利性机构或组织因商务目的而举行的宴请活动。

（4）亲情宴会主要以个体与个体之间的情感交流为主题。其目的在于表示友好、联络感情、沟通信息等，如庆贺、答谢、送行、接风洗尘、宣传等，主要包括以下三类。

婚宴是人们在举行婚礼时，为宴请前来祝贺的宾朋而举办的喜庆宴会，它的特点是：在布置上要求富丽堂皇，氛围要庄严神圣、吉祥喜庆，在菜式的选料与道数上要符合当地的风俗习惯，菜名要求花哨吉祥，要满足主人追求体面的目的。

寿宴时人们为纪念出生日祝愿健康长寿而举办的宴会，一般为长者举办，菜品要突出健康长寿之意。

佳节宴是指人们为了欢庆法定的节日，沟通感情而举办的宴会，如春节、中秋节等。

任务二　宴会设计认知

1.掌握宴会设计的含义。
2.掌握宴会设计的基本要素。
3.掌握宴会设计的程序。

1.能够描述宴会设计的含义与基本要素。
2.能够根据实际情况设计宴会的流程。

宴会赏析

暗藏玄机的宴会——煮酒论英雄

出席人物：

曹操、刘备、关羽、张飞、赵云、许褚、张辽

宴会始末：

东汉末年，曹操挟天子以令诸侯，势力强大；刘备虽为皇叔，却势单力薄，为防曹操谋害，不得不在住处的菜园种菜，亲自浇灌，以为韬晦之计。

一天，刘备正在浇菜，曹操派人请刘备入府。曹操说："刚才看见园内枝头上的梅子青青的，想起'望梅止渴'之往事，恰逢煮酒正熟，故邀你到小亭一会。"刘备来到小亭，只见已经摆好了各种酒器，盘内放置了青梅，于是就将青梅放在酒樽中煮酒，二人对坐，开怀畅饮。酒至半酣，突然阴云密布，大雨将至，曹操大谈龙的品行，又将龙比作当世英雄，请刘备说说当世英雄是谁，刘备装作胸无大志的样子，说了几个人，都被曹操否定。曹操单刀直入地说："当今天下的英雄，只有你和我两个！"刘备一听，非常吃惊，手中拿的筷子也不知不觉地掉到地上。正巧突然下大雨，雷声大作，刘备灵机一动，从容地低下身拾起筷子，说是因为害怕打雷，才掉了筷子。曹操此时才放心地说："大丈夫也怕雷吗？"刘备说："连圣人对迅雷烈风也会失态，我还能不怕吗？"刘备经过这样的掩饰，使曹操认为自己是个胸无大志、胆小如鼠的庸人，曹操从此再也不疑心刘备了。

一、宴会设计的含义

宴会设计是指酒店宴会部受理客人的宴会预订后，根据宴会规格要求，编制出宴会组织实施计划的书面材料，包括从宴会准备到宴会结束全过程中组织管理的内容和程序。

二、宴会设计的基本要素

宴会设计一般包含以下六方面。

（一）宴会场景设计

宴会场景设计是指对宴会举办场地进行选择和利用，并对内部环境进行艺术加工和布置的创作。宴会场景设计的基本要求如下。

（1）充分利用自然资源，善于借景，让天地日月、湖光山色、海滩风光作为宴会背景，达到佳肴与美景共赏的效果。

（2）科学优化宴会布局，研究台形、餐桌、间距、席位等基本要素，做到突出主桌、主位，松紧适宜，方便客人进餐和敬酒，便于服务员穿行服务。

（3）注重环境氛围营造，充分利用绿色植物、工艺品、灯光等元素，凸显宴会主题，营造宴会的意境，同时讲究场景整体协调。

（二）宴会台面设计

宴会台面设计是根据宴会主题，对宴会台面用品进行合理搭配、布置和装饰，从而形成完美台面组合形式的艺术创作。台面的主要构成要素有中心装饰物、餐具用具和棉织用品。台面设计务必做到突出宴会主题、营造宴会氛围、构建优美画面、方便客人使用。

（三）宴会菜单设计

宴会菜单设计是对宴会菜肴、菜名及菜单表现形式的安排与策划。宴会菜单设计的总体要求是要诠释宴会主题，增强客户的记忆。宴会菜单设计主要包括以下两方面。

（1）宴会菜点设计。宴会菜点设计要了解客人，投其所好，突出重点，尽显风格，合理搭配，增加情趣。例如，在某中餐馆吃饭，服务员会送上一碟"幸运饼干"，其中会包含一张纸条，有时是一个预测命运的签文，有时是一句祝福语，有时是人生格言，有时是运势预言，很有乐趣。

（2）宴会菜名设计。宴会菜名设计要凸显主题，寓意深刻。菜单形式设计方面，菜单材料、形状、大小、款式都可以发生变化，要拓宽思路，增强艺术性与纪念性。例如，为儿童生日宴设计的菜单，酒店可以将菜单形式设计为带有卡通元素的宣传页，并且可以让孩子们将菜单带回家，引起他们的兴趣，使其下次还会选择这家酒店。

（四）宴会服务设计

宴会服务设计是对服务规范、服务方式、服务表演的策划。

（1）服务规范：服务先后顺序、时间安排及服务要求。

（2）服务方式：服务人员站姿、走姿、手势、动作、上菜方式、服务操作等。

（3）服务表演：服务作为一种艺术的展示，如餐前秀、茶艺秀、出菜秀、派菜秀、厨艺秀、调酒秀等。服务表演一定要有观赏价值，如出菜秀设计需要借助道具，利用科技，运用灯光，营造气氛，创造记忆。服务人员对菜肴的介绍要简洁流畅，声情并茂，借景抒情，表达美好祝愿，使宾客倍感尊贵。

总的来说，服务设计必须达到规范性、针对性、系统性、情感性、艺术性、灵活性的基本要求。

（五）音乐与活动设计

音乐与活动设计是指设计宴会的席间活动，可以安排文艺表演，也可以安排自娱自乐。音乐与活动设计的基本要求是赏心悦目、轻松活泼、丰富多彩、恰到好处。音乐设计要与宴会的主题相符合，与宴会的进程保持一致，符合与宴者的欣赏水平，同宴会的场景相协调。

（六）应急预案设计

应急预案设计是对可能发生的突发事件进行预估，并确定相关责任及处理程序与方法。必要时，还可以进行实地演练。

三、宴会设计的程序

宴会的程序分为四个阶段，即预订阶段、准备阶段、进行阶段和结束阶段，这四个阶段又可细分为受理预订、计划组织、执行准备、全部检查、宴前接待、开宴服务、结账送客、整理结束等环节。

（一）预订阶段

在客人订餐时，服务人员应向客人了解所有与宴会有关的要求，如举行宴会的日期、参加宴会的人数、宴会的形式、每人消费的标准、所需提供的额外服务和物品、客人特殊口味要求等。如果客人决定预订，可将这些信息直接记入宴会登记本，这样可以防止与其他宴会混淆。

对未确定的宴会，服务人员要与举办者保持联系，了解有关进展情况。对已预订宴会的举办者同样需要保持联系，以便及时了解人数、日期的变更信息，如果客人取消预订，则应平和地了解取消的原因。

预订大型宴会和高档宴会，酒店必须与客户签订合同，合同中要明确双方的权利和义务，所有经双方同意的特殊项目都要记入合同。签订合同后，酒店通常应收取一定比例的预付金，假如举办者临时取消宴会，则根据合同规定将全部预付金或部分预付金退还客人。各餐厅收取预付金及退回预付金的数目不同，一般由餐厅根据情况确定。

◆◆◆ 知识链接 ◆◆◆

宴会预定工作中"八知三了解"

"八知"：知主人身份或主办单位，知宴会标准，知开餐时间，知菜式品种，知宴客国籍，知邀请对象，知烟、糖、酒、饮，知结账方式。

"三了解"：了解宾客风俗习惯，了解宾客生活忌讳，了解宾客特殊要求。

（二）准备阶段

接受宴会预订后，宴会部应根据宴会的人数、要求、标准做好准备工作，并以宴会通知单和工作程序的形式通知有关部门。

宴会通知单是安排厨房人员和服务人员工作的依据，可根据合同制定，有些规定很细的合同复印件也可作为宴会通知单使用，但应将价格抹去。对于大型宴会和高规格宴会，还应画出宴会的场地安排图，并在宴会前召集所有的宴会服务人员和厨师长开会，介绍宴会程序，安排任务，使所有工作人员都了解相关情况，包括特殊菜肴的制作过程和上菜技艺。这样可以防止宴会服务过程中出现手忙脚乱的情况，确保宴会有条不紊地进行。各项准备工作完成后，宴会经理应逐项检查，及时发现并处理存在的问题。

（三）进行阶段

宴会开始后，厨师便可按照宴会通知单开始菜肴的烹制工作，服务员上菜时要按照菜单的顺序。对于大型宴会，上菜的时间要听从宴会负责人的统一安排，以免错上、漏上或各桌进餐速度不一致。上菜的速度与节奏必须掌握好，太快会显得仓促忙乱，客人享受不到品尝的乐趣，太慢则可能使宴会中断，造成尴尬的局面。服务人员每上一道菜都应向客人介绍菜名和烹制方法，如客人有兴趣则可简单介绍与地方名菜相关的民间故事。有些特殊的菜肴应介绍食用方法，并在介绍前将菜肴放在转台上展示其造型，使客人能够领略菜肴的色、香、味、形，边介绍边转台，让所有客人都看清楚。

（四）结束阶段

宴会结束后，宴会负责人应以文字形式征询客人的意见，这将加深经营者与客人之间的感情，为进一步合作奠定基础。通过客人的负面反馈可以了解餐厅需要改进的地方，正面反馈则可增强餐厅的信心。宴会部每月应制作一份详细的业务表，它有助于统计与分析宴会的收入和成本，并可作为今后宴会预算的依据，还要建立客源档案系统，为今后的业务提供历史资料，如某企业的周年庆典日、某老板生日等，这样宴会销售人员便可有目的地进行推销。

宴会往往能给餐厅带来较高的利润，如果餐厅的宴会业务较多，则需要设置专门的宴会经理负责相关工作。宴会经理应具备财务控制、员工组织以及按照费用标准安排最佳菜单和服务标准的能力。精心计划和预测，对可能发生的问题做到心中有数，是宴会成功的关键。宴会经理应将所有需要检查的问题以表格形式列出，然后按表格逐项检查，并将宴会程序中所有的细节告诉员工，因为大家心中有数比一人心中有数更有利于办好宴会。

◆◆◆ 知识链接 ◆◆◆

宴会预订员的岗位职责

（1）负责各种形式的宴会、会议的接待和商谈，并安排和落实。

（2）根据宴会预订的详细记录，编制和填写客情预报表及宴会通知单，并分别送至有关部门和各餐饮营业点。

（3）认真接受营销部下发的团队接待通知单，同时根据通知单上的信息，详细填写客情预报表并送至有关部门和营业点。

（4）建立宴会预订档案，做好贵宾、大型活动档案的管理工作。

（5）与客人建立良好关系，定期联络新老客户，加强促销。

（6）熟悉熟客、大客户的个人喜好，能准确给予建议；掌握酒店各种活动的详细信息，准确回应客人的电话咨询，维护酒店的良好形象。

（7）熟记酒店部门、领导、协议单位的电话，并能准确报出联系人的姓氏及职务，负责协调部门内各个岗点，力争团结、高效。

（8）接待前来订餐的客人或电话，服务热情周到，耐心、认真、细致地回答他们的问题，使客人感到亲切。

（9）协助宴会经理制订大型活动计划，并制订客户回访计划，按计划定时回访客户，对客人的意见和建议，及时汇集成册、上报给宴会经理。

（10）完成上级交办的其他各项任务，对宴会经理负责。

案例分析

　　北京某大酒店的餐饮部接洽了一单总数达 60 桌的婚宴，每桌餐费标准为 2 000 元，收入总额达 120 000 元。这次婚宴是由王先生为其弟操办的，兄弟两人平时关系比较好。餐饮部十分重视这次婚宴，在拟定菜单、商谈价格、试菜、制作方式方面不断进行调整，直到客人满意，历时 20 多天。各方面的条件都谈妥后，按酒店惯例，王先生交纳了 30% 的订金，并在菜单及协议书上签名确认。

　　宴会在酒店风尚厅如期举行，为增加喜庆气氛，酒店特别聘请了经验丰富的婚礼司仪。当晚各个环节都进展顺利，只有司仪的一句台词"请一对新人向双方父母鞠躬，以感谢他们的养育之恩"引起了麻烦。这句话是婚礼习惯语，讲出来本身并没有错，但由于司仪对新郎家世不了解，因此，此话一出便掀起了轩然大波，使原本喜庆的气氛顿时变得凝重起来。原来，新郎自幼父母双亡，兄弟俩相依为命、感情甚笃，王先生是以兄长名义担任弟弟主婚人的。在听到司仪的这句话后，他马上变了脸。

　　当婚礼结束准备结账时，王先生声称按家乡风俗习惯，宴会当晚不能马上埋单，要过"三"，即三天后才埋单。经过向上司请示及对客户的了解，餐饮部同意了对方的付款方式。第二天，王先生来电大发雷霆，斥责酒店和司仪安排欠妥，并表示拒绝付账。舒总监见此事十分棘手，便马上和司仪一同致电向客人承认失误，诚恳道歉，并表示在王先生方便的时候亲自登门拜访，当面致歉。经过一番努力后，王先生情绪才稍有好转，但仍表示付账的事情还得拖几天，他实际上对此事还一直耿耿于怀。经过长达两个多月的马拉松式的催款和无数次低声下气的道歉，酒店才终于使王先生付清了全部款项。

　　结合本案例，分析以下问题：

　　（1）宴会服务准备工作的重要性体现在哪些方面？

　　（2）什么是宴会预订工作中的"八知三了解"？

项目二　中国名宴赏析

任务一　古代名宴

1. 掌握我国古代名宴的主要类型。
2. 掌握我国古代名宴的主要特点。
3. 了解我国文化名宴及其内容。

1. 能够描述古代名宴的主要类型。
2. 能够掌握各类古代名宴的主要特点。

宴会赏析

王羲之兰亭宴

历史背景：东晋永和九年春，王羲之邀请了 41 位亲朋好友，包括当时的书法家和诗人及名士，在"有崇山峻岭，茂林修竹，又有清流激湍"的兰亭举行野外盛会。当天有 26 人作诗，一共写了 35 首。王羲之带着醉意，乘兴而书一篇序，即《兰亭集序》。据说，他在几天后再重写近百次，但是总比不上当天即兴完成的作品。《兰亭集序》共 28 行 324 字，章法、结构、笔法都堪称完美，是王羲之的得意之作。

历史影响：王羲之开创了介于草书与楷书间的行书，《兰亭集序》被誉为中国书法史上最伟大的作品，又被称为"天下第一行书"，习书法者必习此帖。

美食：这是一次很时尚的"野餐派对"，没有大鱼大肉、生猛海鲜，有的大概是带来的几碟泡菜、腌豆、腊肉，采一些山蘑，钓几尾活鱼，生一堆篝火，搭起帐篷，在小溪间流觞吟诗，一切都别有韵味。

一、古代名宴

（一）周代八珍宴

周代八珍宴是我国现存最早的一张完整的宴会菜单，记载于《周礼·天宫》"珍用八物"。中国烹饪自古便有八珍之说，至清代发展至顶峰。八珍有山八珍、海八珍、草八珍、禽八珍之分，有上八珍、中八珍、下八珍之别，罗列、会集了天下珍稀之物。实际上，八珍多数难觅或其味平平，如豹胎、狮乳、猩唇、犀鼻、驼峰、熊掌等难得一见，如鱼翅、燕窝、海参等还要靠上好之汤来赋味。除猴头菇、香菇、竹荪等菌中尤物外，大多数的营养价值是不超过鸡、鸭、鱼、猪、牛、羊的。这种八珍不过是两千多年的封建帝王家天下、有万物，在食制之上的表现。东周洛阳宫廷的八珍为炮豚、炮牂、淳熬、淳毋、肝膋、熬、渍、捣珍，其中炮豚是将小猪先烤、后炸，再隔水炖，炮牂是用同法但以羔羊代豚，淳熬是蒸稻米饭再沃以肉酱，淳毋同法但用黄米饭，肝膋是将狗肝切丝裹油网炸之，熬是以牛肉块熬煮而成，渍是用小牛里脊肉薄切成片以酒腌后生食之，捣珍是把牛、羊、犬、鹿、猪肉等以石臼捣去筋膜后成团煮食。这八珍基本代表了当时的烹调技艺水平，其做法也被延续至今。

（二）文会宴

文会宴是中国古代文人进行文学创作和相互交流的重要形式之一。该宴会形式自由活泼，内容丰富多彩，追求雅致的环境和情趣。一般选在气候宜人的地方。席间珍肴美酒，赋诗唱和，莺歌燕舞。历史上许多著名的文学和艺术作品都是在文会宴上创作出来的。

唐开成二年三月三日，河南府尹李待价以人和岁稔，在洛滨举行修禊之宴。白居易、刘禹锡等人参加了宴会。宴会设在船上，众人一边观赏洛水两岸的秀丽景色，一边聚宴畅饮，吟诗赏乐。宴席上"簪组交映，歌笑间发。前水嬉而后妓乐，左笔砚而右壶觞，望之若仙，观者如堵，尽风光之赏，极游泛之娱。美景良辰，赏心乐事，尽得于今日矣"（白居易《三月三日被禊洛滨》诗序）。这是一次风韵高雅的文会，与会者均是当时的文人名士，席间少不了吟诗作赋。刘禹锡作诗曰："洛下今修禊，群贤胜会稽。盛筵陪玉弦，通籍尽金闺。"白居易也作诗曰："妓接谢公宴，诗陪荀令题。舟同李膺泛，醴为穆生携。"描述了宴席上饮宴吟诗的盛况。著名的《兰亭集序》也是东晋书法家王羲之在兰亭文会上所写。北宋文学家欧阳修的《醉翁亭记》记述了他任滁州太守时约朋友在琅琊山亭饮宴的欢乐情景。

与其他的宴会相比，文会宴把饮宴与吟诗作赋结合起来，以文会友，重在文会，而席间食品菜点次之，其宴会只是手段，起调节气氛的作用，正如欧阳修设在山亭上的宴会，不过是一些"山肴野味"而已。但是，由于他们一面观赏那"日出而林霏开，云归而岩穴暝""野芳发而幽香，佳木秀而繁阴"的美景，一面觥筹交错，谈笑赋诗，情景令人陶醉。欧阳修的"醉翁之意不在酒，在乎山水之间也。山水之乐，得之于心而寓之酒也"，就是对文会宴最好的写照。

（三）唐代烧尾宴

古典宴会在唐代进入鼎盛时期，最具标志性的便是风靡一时的烧尾宴。烧尾宴专指士子登科或官位升迁而举行的宴会，盛行于唐代，是中国欢庆宴会的代表。"烧尾"一词源于唐代，有三种说法：一是兽可变人，但尾巴不能变没，只有烧掉尾巴；二是新羊初入羊群，只有烧掉尾巴才能被接受；三是鲤鱼跃龙门，必须有天火把尾巴烧掉才能变成龙。这三种说法都有升迁更新之意，故起名烧尾宴。可见这种宴会是由民间传说得名，并逐渐演化成一种协调官场人际关系的重要方式。

据《辨物小志》记："唐自中宗朝，大臣初拜官，例献食于天子，名曰烧尾。"可见烧尾宴一种是在官场同僚间举行的，另一种是由大臣敬奉皇上的，后来又演化为一种协调官场人际关系的重要方式，以取其鱼跃龙门，官运亨通之意。唐代的烧尾宴举办过多次。唐代宰相韦巨源在唐中宗景龙二年"官拜尚书左仆射"时为敬奉中宗而举办烧尾宴，但这次烧尾宴的食单已不全，只留下了58种菜点的名称及少量后人的注文。

唐代烧尾宴的饭食点心有巨胜奴（蜜制散子）、婆罗门轻高面（蒸面）、贵妃红（红酥皮）、汉宫棋（煮印花圆面片）、长生粥（食疗食品）、甜雪（蜜饯面）、单笼金乳酥（蒸制酥点）、曼陀样夹饼（炉烤饼）等；菜肴羹汤有通花软牛肠（羊油烹制）、光明虾炙（活虾烤制）、白龙曜（用反复捶打的里脊肉制成）、羊皮花丝（炒羊肉丝，切一尺长）、雪婴儿（豆苗贴田鸡）、仙人脔（奶汁炖鸡）、小天酥（鹿鸡同炒）、箸头春（烤鹌鹑）、过门香（各种肉相配炸熟）等。简略地分析一下这份食单，可以看出，烧尾宴的菜点有饭、粥、点心、脯、酱、菜肴、羹汤等。这些饭点菜肴采用米、面粉、牛奶、酥油、蜂蜜、蔬菜、鱼、虾、蟹、鸡、鸭、鹅、牛、羊、鹿、熊、兔、鹤等原料制作，起名华丽，制法不同，风味多样。这些从一个侧面反映了唐代饮食文化的发达。

（四）元代诈马宴

诈马宴是蒙古族特有的庆典宴会，多为整牛席或整羊席。诈马，蒙语是指退掉毛的整畜，意思是把牛、羊家畜宰杀后，用热水退毛，去掉内脏，烤制或煮制上席。在这种大宴上，皇帝常给大臣赏赐，得到者莫大光荣。有时在筵宴上也商议军国大事。此活动带有浓厚的政治色彩，是古典筵席的一个特例。1991年8月，当时的伊克昭盟在筹备那达慕大会成吉思汗陵分会时，有关人员查阅了《蒙古食谱》《蒙古风俗录》等大量资料，并进行了试验，恢复了烤全牛诈马宴，按照古籍记载的元代蒙古族宫廷诈马宴的礼仪，在成吉思汗行宫举行，作为那达慕大会的观赏项目，令游人大饱眼福，展现出蒙古王公重武备、重衣饰、重宴飨的习俗。

（五）清代千叟宴

千叟宴，顾名思义就是由数千名老人参加的宴会，它是清代参加人数最多、规模最大的宫廷御宴。千叟宴始于康熙，盛于乾隆时期，是清宫中规模最大，与宴者最多的盛大御宴。康熙五十二年在阳春园第一次举行千人大宴，并赋《千叟宴》诗一首，故得宴名。乾隆五十年于乾清宫举行千叟宴，与宴者3 000人，即席用柏梁体选百联句。嘉庆元年正月再举千叟宴于宁寿宫皇极殿，与宴者3 056人，即席赋诗3 000余首。后人称千叟宴是"恩隆礼洽，为万古未有之举"。

清代千叟宴有丽人献茗，君山银针；干果四品，怪味核桃、水晶软糖、五香腰果、花生粘；蜜饯四品，蜜饯橘子、蜜饯海棠、蜜饯香蕉、蜜饯李子；饽饽四品，花盏龙眼、艾窝窝、果酱金糕、双色马蹄糕；酱菜四品，宫廷小萝卜、蜜汁辣黄瓜、桂花大头菜、酱桃仁；前菜七品，二龙戏珠、陈皮兔肉、怪味鸡条、天香鲍鱼、三丝瓜卷、虾籽冬笋、椒油茭白；

膳汤一品，罐焖鱼唇；御菜五品，沙舟踏翠、琵琶大虾、龙凤柔情、香油膳糊、肉丁黄瓜酱；饽饽二品，千层蒸糕、什锦花篮；御菜五品，龙舟鳜鱼、滑溜贝球、酱焖鹌鹑、蚝油牛柳、川汁鸭掌；饽饽二品，凤尾烧卖、五彩抄手；御菜五品，一品豆腐、三仙丸子、金菇掐菜、溜鸡脯、香麻鹿肉饼；饽饽二品，玉兔白菜、四喜饺；烧烤二品，御膳烤鸡、烤鱼扇；野味火锅，随上围碟十二品，鹿肉片、飞龙脯、狍子脊、山鸡片、野猪肉、野鸭脯、鱿鱼卷、鲜鱼肉、刺龙牙、大叶芹、刺五加、鲜豆苗；膳粥一品，荷叶膳粥；水果一品，应时水果拼盘。

（六）满汉全席

满汉全席是清代贵族、官府才能举办的宴会，在民间很少见。规模盛大，程式复杂，满汉食珍、南北风味兼有，菜肴达 300 多种，集满族与汉族菜点之精华而形成的著名的中华大宴，有中国古代宴席之最的美誉。满汉全席是中华饮食文化的代表，在华人甚至亚洲人的印象中，它代表顶级豪华宴会。

满汉全席上菜一般 108 种起，分三天吃完。满汉全席取材广泛，用料精细，山珍海味无所不包。烹饪技艺精湛，富有地方特色。突出满族菜点特殊风味，烧烤、火锅、涮锅几乎是不可缺少的菜点，同时又展示了汉族烹调的特色，扒、炸、炒、熘、烧等兼备，实乃中华菜系文化的瑰宝。满汉全席和清宫御膳的演变，是清代贵族阶层饮食风尚不断演化的结果，是满族饮食文化与汉族饮食文化相交融的产物，展现了我国烹调风格、饮食文明的独特魅力。

二、文化名宴

（一）孔府宴

曲阜孔府是孔子诞生和居住的地方。孔府宴是孔府接待贵宾、袭爵上任、祭日、生辰、婚丧时特备的高级宴席，是经过数百年不断发展充实逐渐形成的一套独具风味的家宴。孔府既举办过各种民间家宴，又宴迎过皇帝、钦差大臣，各种宴会无所不包，集中国宴会之大成。孔子认为"礼"是社会的最高规范，宴会是"礼"的基本表现形式之一。孔府宴礼节周全，程式严谨，是古代宴会的典范。

孔府宴分三六九等，单就较高级的两等来说，其数量之多、佳肴之丰美，是颇为惊人的。第一等是招待皇帝和钦差大人的"满汉宴"，第二等是平时寿日、节日、婚丧和接待贵宾用的"鱼翅四大件"和"海参三大件"宴。孔府宴烹调手法多样，以炸、烧、炒、蒸为主，其名菜主要有神仙鸭子、霸王别姬、雪里闷炭、八仙过海闹罗汉、孔门干肉等。

（二）红楼宴

红楼宴是扬州著名的宴席名，根据曹雪芹的《红楼梦》开发。曹雪芹时代的扬州是江南最大的商业城市之一，商贾云集，饮食文化鼎盛。从曹雪芹的曾祖父曹玺起，历经曹家三代四人，任苏州、江宁织造。曹家最鼎盛为曹寅时期，在他兼任巡视两淮盐务监察御史时，康熙几次南巡，曹寅四次接驾，深得康熙宠信。曹寅从织造而擅文酒，结客江乡，延揽东南，集一时之盛。曹家居南京、扬州60多年，饮食多为淮扬风味。曹寅编纂著述颇丰，有淮扬饮食诗文问世。寅母为康熙乳娘，曹寅幼年为康熙侍读，过从甚密。曹寅在扬州多次督办御宴，熟谙要旨。曹雪芹幼年随乃祖在任上，饮食之道，耳濡目染皆为淮扬佳味，而《红楼梦》创作以"声色饮馔之幻"来演示人生哲理，对淮扬烹饪文化素材驾轻就熟，信手拈来皆成雅丽，令人叹为观止。

红楼宴的设计立足于红楼文化整体的一部分进行再创造，以发扬光大《红楼梦》所代表的文化传统、审美意识、文化底蕴，对餐厅、音乐、餐具、服饰、菜点、茶饮等项进行综合设计，使人恍如置身于《红楼梦》中的大观园中。红楼宴以其美味、丰盛、精致见长，给人以高层次饮食文化艺术的享受，名扬海内外。红楼宴菜点有：一品大观，有凤来仪、花塘情趣、蝴蝶恋花；四干果，栗子、青果、白瓜子、生仁；四调味，酸菜、荠酱、萝卜炸儿、茄鲞；贾府冷菜，红袍大虾、翡翠羽衣、胭脂鹅脯、酒糟鸭信、佛手罗皮、美味鸭蛋、素脆素鱼、龙穿凤翅；宁荣大菜，龙袍鱼翅、白雪红梅、老蚌怀珠、生烤鹿肉、笼蒸螃蟹、西瓜盅酒醉鸡、花篮鳜鱼卷、姥姥鸽蛋、双色刀鱼、扇面蒿秆、凤衣串珠；怡红细点，松仁鹅油卷、螃蟹小饺、如意锁片、太君酥、海棠酥、寿桃；水果，时果拼盘。

三、地方特色宴会

（一）洛阳水席

水席有两个含义：一是全部热菜皆有汤——汤汤水水；二是热菜吃完一道，撤后再上一道，像流水一样不断地更新。全席共设24道菜，包括8个冷盘、4个大件、8个中件、4个压桌菜，冷热、荤素、甜咸、酸辣兼而有之。上菜顺序极为考究，先上8个冷盘作为下酒菜，每碟是荤素三拼，一共16样；待客人酒过三巡再上热菜，首先上4大件热菜，每上一道跟上两道中件（也叫陪衬菜或调味菜），美其名曰"带子上朝"；最后上4道压桌菜，其中有一道鸡蛋汤，又称送客汤，以示全席已经上满。热菜上桌必以汤水佐味，鸡鸭鱼肉、鲜货、菌类、时蔬无不入馔，丝、片、条、块、丁，煎、炒、烹、炸、烧，变化无穷。

（二）全鸭宴

全鸭宴首创于北京全聚德烤鸭店，特点是宴会全部以北京填鸭为主料烹制各类鸭菜肴，共有100多种冷热鸭菜可供选择。用同一种主料烹制各种菜肴组成宴会是中餐宴会的特点之一。国内类似的著名全席有天津全羊席、上海全鸡席、淮安全鳝席、四川豆腐席等。

（三）纳西族的"三叠水"

"三叠水"是纳西族的最高礼仪，就是按所上菜的口味分三次上席，第一叠是以甜点类为主的，如米糕、蜜饯、果脯、时鲜的果类食品；第二叠是凉菜类，包括丽江特产、吹肝、凉粉，还有火腿、豆腐干等；第三叠是熟食类，主要以蒸菜为主，又根据季节出产的物产不同而有所不同。"三叠水"包括了山珍海味、纳西族地方风味和特产小吃，可以说是纳西族的满汉全席。"三叠水"是木氏先祖一代传一代，从历史沿袭至今，包含了纳西族传统的待客之道和美德，代表纳西族热情待客一叠胜过一叠，热热闹闹的气氛一浪高过一浪。

任务二 现代筵品

1. 掌握中国现代筵品。
2. 了解现代筵品的艺术与技艺。

1. 能够分析现代宴会的特点。
2. 能够运用现代宴会的艺术展现形式和方法。

宴会赏析

第六届世界华商大会欢迎晚宴

2001年9月，第六届世界华商大会在古都南京开幕。16日晚，南京市人民政府在大会主会场——南京国际展览中心举行盛大的欢迎晚宴，摆下500张餐桌，海内外华商及各界嘉宾近5 000人一同享用传统的中式大餐。时任南京市旅游局局长韩健民说，筹备这样超大规模的盛宴，确保食品安全、卫生是第一位的。晚宴用的蔬菜和豆制品都是经农林部门特选的，从原料、烹饪、运输、装盘到出菜，将全过程监测。按组委会与卫生部门的规定，冷菜必须被保藏于-5℃，热菜保存温度最低65℃。各指定酒店八仙过海，使用了多种保温装置，以确保菜肴新鲜。宴会规格初定六菜一汤，分别由金陵饭店、状元楼大酒店、希尔顿国际大酒店、金丝利喜来登酒店、古南都饭店、玄武饭店、南京饭店和国际会议大酒店等指定酒店烹饪。各酒店所做菜式一样，然后用冷藏车、保温车送到宴会厅，为确保第一时间到达，还有警车为送菜车开道。

9月3日下午举行了宴会保障演练，参加宴会的10家酒店的运菜车在警车护送下同时准点到达现场。卫生专业人员对冷藏车运来的5种数十盘冷菜进行了现场采样。为了让具有不同饮食习惯的华商能同桌用餐，欢迎晚宴不安排以猪肉、牛肉为原料的菜点；考虑到席间华商们要起身走动，每张请柬后面还印着餐位平面图，不致迷路。宴会主桌100～150人，由著名的金陵饭店独家承办。为整个宴会提供服务的人员有1 000多人，其中仅跑菜员就有300多人。餐桌服务员都是从各大饭店抽调的最优秀的业务骨干，她们统一着中式旗袍、盘髻，其服饰、胸花、皮鞋都由专家设计制作。旗袍面料选自杭州，黑底洒金花，与明黄色的桌裙、水红色的椅套相配衬，典雅大方，温馨动人。

（资料来源：新华网.华商大会"世界中餐第一宴"在南京紧张彩排. http://news.enorth.com.cn/system/2001/09/06/000136876.shtml）

一、现代特色筵品

（一）哈尼族长街宴

哈尼族长街宴是哈尼族集体性宴饮狂欢盛宴，是农事祭祀活动的重要一环。在哈尼族最盛大的节日——昂玛突节当天，家家户户要做黄糯米、三色蛋、猪、鸡、鱼、鸭肉、牛肉干巴、肉松、花生米、红米饭等近40种哈尼族风味的菜肴，准备好酒，抬到指定的街心摆起来，一家摆一两桌，家家户户桌连桌沿街摆，这是中国最长的宴席之一。

长街宴是哈尼族特色文化的一个缩影，既生动体现了哈尼族同胞团结友爱的传统，又集中展示了哈尼族的节日饮食、风俗礼仪、歌舞服饰等多方面的文化特色。

（二）金陵小吃

金陵小吃，即南京小吃，位列中国四大小吃之首，历史悠久，风味独特，品种繁多，自六朝时期流传至今已有千余年历史，多达百十多个品种。名点小吃有荤有素，甜咸俱有，形态各异，其中最具代表性的是秦淮河夫子庙地区，夫子庙秦淮小吃手工精细，造型美观，选料考究，风味独特。除夫子庙外，在湖南路、新街口、朝天宫、长乐路、山西路、中央门、惠民桥、燕子矶等地，也逐渐形成了比较集中的点心小吃群。

秦淮八绝是指南京（金陵）的八种最有秦淮风味的特色小吃。南京夫子庙地区有七家点心店制作的八种小吃，因其工艺精细、造型美观、选料考究、风味独特而著称，经专家鉴定，南京秦淮区风味小吃研究会于1987年9月正式命名这八套秦淮风味名点小吃为"秦淮八绝"。《"秦淮八绝"小吃地方标准》（以下简称《标准》）是首个由国家质量监督检验检疫总局审批通过的小吃地方标准。关于质量，标准要求做"秦淮八绝"小吃用的鲜草鸡蛋、白砂糖、食用盐、酱油、莲蓉、芝麻、鸭油、辣椒油、葱、生姜等几十种原料和配料，都必须符合规定，小吃的菜单标示中也要注明品种名称、主要原材料和净含量等。"秦淮八绝"小吃的外观色泽、滋味、气味等，《标准》中也有详细规定。如鸭油酥烧饼要色泽金黄、外形饱满、不破皮、不含油；麻油素干丝要求干丝细如银丝，松散不结团；茶叶蛋、五香豆，每份净含量不能小于30克等。

《标准》对就餐场所内的环境、摆台及器皿、服务人员的服饰样式等也有详细规定，还要求每一道小吃送到客人面前后，服务员都要用标准普通话介绍该小吃的历史典故，典故讲解内容则有统一的版本。

"秦淮八绝"的八套小吃品种有八绝：第一绝，永和园的黄桥烧饼和开洋干丝；第二绝，蒋有记的牛肉汤和牛肉锅贴；第三绝，六凤居的豆腐涝和葱油饼；第四绝，奇芳阁的鸭油酥烧饼和什锦菜包；第五绝，奇芳阁的麻油素干丝和鸡丝浇面；第六绝，莲湖糕团店的桂花夹心小元宵和五色小糕；第七绝，瞻园面馆熏鱼银丝面和薄皮包饺；第八绝，魁光阁的五香豆和五香蛋。

（三）山西面食宴

俗话说，"世界面食在中国，中国面食在山西"。山西面食是地方传统特色面食文化的代表之一。历史悠久，源远流长，从可考算起，已有两千年的历史了，称为"世界面食之根"。以面条为例，东汉称之为"煮饼"，魏晋则名为"汤饼"，南北朝谓"水引"，而唐朝叫"冷淘"……面食名称推陈出新，因时因地而异，俗话说娇儿宠称多，面食众多的称谓与名堂，正说明山西人对它的重视和喜爱。相比于南方对米的热衷，山西人对面食同样狂热。

2018年9月10日，"中国菜"在河南省正式发布。34个地域菜系、340道地域经典名菜、273席主题名宴新鲜"出炉"。"山西面食宴"被评为"中国菜"之山西十大主题名宴。山西面食种类繁多，一般家庭主妇能用小麦粉、高粱面、豆面、荞面、莜面做几十种，如刀削面、拉面、圪垳面、推窝窝、灌肠等。到了厨师手里，更是花样翻新，目不暇接，达到了一面百样，一面百味的境界。据查，面食在山西按照制作工艺来讲，可分为蒸制面食、煮制面食、烹制面食三大类，有据可查的面食在山西就有280种之多，其中尤以刀削面名扬海内外，被誉为中国著名的五大面食之一。其他如大拉面、刀拨面、拨鱼、剔尖、饸饹、猫耳朵、蒸、煎、烤、炒、烩、煨、炸、烂、贴、摊、拌、蘸、烧等多种，名目繁多，让人目不暇接。

二、现代筵品的艺术与技艺

（一）现代筵品的特点

1. 聚餐式

现代筵品都是多人共同进餐，有主人与客人、随从与陪客、长辈与晚辈之分，大家会就一个共同的主题欢聚一堂，推杯换盏。

2. 规格化

现代筵品上的饮食品、服务与礼仪等都有一定的规范、标准和程式。根据档次的高低、标准的差异，菜品组合有序、仪式程序井然，服务周到全面。

3. 社交性

在品尝美味佳肴、畅饮琼浆美酒时，不仅能满足口腹之欲，也能陶冶情操、疏通关系、加深了解、增进友谊。

（二）菜品的组成

1. 冷菜

冷菜分主盘和围碟，主盘一般与围碟配合上席，形成不同口味、不同色泽的冷菜组合。

2. 热菜

热菜是宴席的主要内容，由热炒、大菜、素菜、汤菜组成，依次上席。

3. 点心

点心一般安排2~4道，注重档次和款式，讲究造型和配器，要求少而精。

4. 甜菜与水果

甜菜包括甜汤、甜羹，配种有干稀、冷热、荤素等，改善营养、调剂口味、增加滋味、解酒醒脑。

（三）艺术美的体现

1. 整体美

以菜点的美味主体，形成由宴会菜单构成的菜品为主，环境、灯光、音乐、席面摆设、餐具、服务规范等在内的各元素间相互依存、相互促进、相互衬托、相互配合，产生有机统一的综合性美感——整体美。在设计宴会时，不仅需要考虑菜肴本身的美味，还要兼顾到菜肴与菜肴之间可能产生的叠加功能和结构功能，统一于一定的风格和志趣，给人以完整的味觉审美享受。菜肴要围绕宴会的形式、内容来安排，做到与其他内容合拍。宴会的整体要能够完成和体现宴会的目的和宗旨。

2. 节奏美

宴会的菜肴通常由多道菜组成，菜品越多，越应体现各自不同的个性。由菜肴的色、香、味、形等要素变化引起的节奏感，要求有起有伏，抑扬顿挫。上菜顺序与间隔同样有讲究。一桌丰盛的菜品，其构成形式是丰富多彩的，主要表现在原材料的使用、调味的变化、加工形态的多样、色彩的搭配、烹调的区别、质感的差异、器皿的交错、品类的衔接等方面，只有这样，宴会才会有节奏美和动态美，既灵活多样、充满生气，又增加美感，促进食欲。

3. 变化美

菜肴的设置应体现本地、本店的特色，力求新颖别致，展现独有的魅力。只有浓淡相宜的菜肴，才能真正受到宾客的好评。应在用料、刀法、烹调技法、口味、质感、色泽等方面有所变化，在风格统一的基础上，避免菜式的单调和工艺的雷同，努力体现变化美，菜品应做到淡而不薄、肥而不腻、甘而不浓、酸而不涩。在器皿的选择上也要做到杯、盘、碗、筷、盅的合理搭配。

4. 和谐美

许多菜肴设计命名都与宴会主题相契合，形成一种独特而和谐的风格。要突出宴会风格，即不能貌合神离、张冠李戴，也不能面目全非、毫无个性。设计一桌宴会菜，也要分清主次，突出重点，决不可宾主不分，甚至喧宾夺主，要做到精、巧、雅、优。宴会是吃的艺术、吃的礼仪，需要处理好美食、美景与档次、参加人员的关系，不同的地区，不同的地区，不同的场景，不同的人群，筵宴的设计要求是不同的。

5. 意境美

宴会中的菜点，不仅可以使人一饱口福，而且可以使人在情感上得到一种艺术享受。宴会的意境美主要体现在菜点的高雅不俗，以及餐具、环境、服务等因素与宴会档次的协调上。中国菜肴命名十分注重意境之美，有些菜名常用比喻、祝愿、饮食情趣等手法来表现人们的饮食情感。

💡 案例分析

五千人的国宴

1959 年国庆节前夕，在刚刚建成的人民大会堂内，上千人正在为一场有五千人参加的国宴做最后的准备。五千人的盛宴，究竟该拿什么招待客人？空前盛事与从未遇到过的难题摆在眼前，厨师们只能借助以往的经验去准备。虽然是吃饭，讲究却很多，如不能有带骨头的东西，因为一边吃，一边吐骨头不文雅；要避免有冲突的食物，很多食物不能同时食用，否则可能会产生不良反应；菜品要适合外国嘉宾口味，有些菜品外国嘉宾不知道食用方法，如灌汤小笼包等，最好不出现。几经讨论，厨师们定下菜单，并交由周恩来总理审定。秉承国宴菜的一贯特点，此次菜肴以清淡、软烂、香醇、口感温和不刺激为主。由于大会堂加工能力有限，多数菜品为冷菜，热菜只上两道，另有点心、水果、饮料供宾客享用。

菜单一经确定，厨师们便立即采用流水作业的方式对所有原材料进行粗加工，然后再用卡车将加工好的原料运送到人民大会堂地下室进行细加工。整个流程下来，犹如在进行一次"大兵团"式的协同作战。1959 年 9 月 30 日晚 7 点整，备受瞩目的五千人盛宴终于在人民大会堂宴会厅拉开帷幕。一千多人要保持步调一致，整齐有序，可不是简单的事。上热菜的时候，几十位服务员同时推着车进入宴会厅。而所有人的工作如何整齐划一呢？当时创新地采用了"红绿灯"方法，黄灯亮表示准备，所有人员必须各就各位；绿灯亮表示开始行动，按程序走菜、上菜；红灯亮表示原地肃立，停止一切工作。这样既保证了现场的安静，也保证了秩序井然。这个统一指挥的方法，简单易行，效果很好，那天的宴会服务始终有条不紊，没有发生任何纰漏。在 1959 年的中国，这场有五千人参加的国庆招待会无疑是一场震撼人心的盛宴。

对于国宴来说，食品安全始终是第一位的。人民大会堂管理部门为此制定了多个严格的制度。国宴菜的原材料都是定点供应，这样做是为了保证食物在源头上不出问题。此外，每一个环节都有严格的验收制度，如食品运进人民大会堂后，要通过验收，除了目测，还需要卫生检验报告等数个证明文件。另外，还要经常进行抽查，大会堂设有专门的化验室并配有专职人员。入库后的保管、发料以及领料的各个环节，都有严格的卫生制度。最为特殊的环节是在餐点的制作中：切菜时，两名专职化验员会拿一个小盒、一把镊子，夹两片菜肴放入盒中拿走；等热菜刚出锅，化验员又马上过来，再次取样，放到培养基里培养。直到用餐结束后 24 小时不出问题，样本才能销毁。

（资料来源：东南商报. 国宴揭秘. http://daily.cnnb.com.cn/dnsb/html/2014-10/04/content_800878.htm?div=0）

结合本案例，分析以下问题：

（1）五千人的国宴筹备需要注意哪些禁忌和要点？

（2）如何保证国宴的食品安全？

项目三　宴会布草设计

任务一　宴会场景设计

1. 掌握宴会场景的构成要素。
2. 理解宴会场景设计的原则。
3. 掌握宴会场景设计的内容。
4. 掌握宴会台面与台形设计。

1. 能够根据宴会场景设计的原则进行相应的宴会场景设计。
2. 能够根据不同设计要求完成宴会台面与台形设计。

宴会赏析

"探春宴"与"裙幄宴"

　　"探春宴"与"裙幄宴"是唐代开元至天宝年间仕女们经常举办的两种野宴活动。"探春宴"的参加者多是官宦及富豪之家的年轻女子。据《开元天宝遗事》记载，该宴在每年农历正月十五后的"立春"与"雨水"两节气之间举行。此时万物复苏，达官贵人家的女子们相约做伴，由家人用马车载帐幕、餐具、酒器、食品等，到郊外游宴。首先踏青散步游玩，呼吸清新的空气，沐浴和煦的春风，观赏秀丽的山水；然后选择合适的地点，搭起帐幕，摆设酒肴，一面行令品春（在唐代，"春"含有两重意义，一是指一般意义的春季，二是指酒，故称饮酒为"饮春"，称品尝美酒为"品春"），一面围绕"春"字进行猜谜、讲故事、作诗联句等娱乐活动，至日暮方归。

　　"裙幄宴"常分为两步：一是"斗花"；二是"设宴"。所谓"斗花"，就是青年女子们在游园时，看谁佩戴的鲜花名贵、漂亮。长安富家女子为在斗花中取胜，不惜重金急购各种名贵花卉。当时名花十分昂贵，非一般民众所能买得起，正如白居易诗云："一丛深色花，十户中人赋。"游园时，女子们"争攀柳丝千千手，间插红花万万头"，成群结队地穿梭于园中，争奇斗艳。游玩到适当的时候，她们便选择适当的地方，以草地为席，四面插上竹竿，将裙子联结起来挂于竹竿上，便是临时的饮宴幕帐，女子们在其中设宴。这种野宴被时人称为"裙幄宴"，除"裙幄"外，该宴非常类似于当今的公园野餐。

总之，上述二宴具有鲜明的女性特色，这与性别心理、社会伦理观及时代风俗习惯均有密切关系。

宴会场景设计就是根据主办单位的具体要求和本酒店的物质、技术条件等因素，利用灯光、色彩、装饰物、声音、温湿度、绿色植物等为宾客创造出一种理想的宴会氛围的过程。

从酒店角度来看，宴会场景是客人就餐时宴会厅房的外部周边环境和内部厅房场地的陈设布置；从赴宴者角度来看，宴会场景是一定环境给予赴宴者的感受和营造的氛围。宴会场景直接影响着宾客的心态和情绪，关系到宴会的成败。

一、宴会场景的构成要素

（一）周边环境

宴会场景的周边环境包括宏观环境和微观环境、自然环境和人文环境、外部环境和内部环境。酒店的地理位置、建筑风格、门厅设计等因素应与当地自然环境、人文环境及其他建筑物融为一体，起到锦上添花的作用，创造一种彼此融洽、相互衬托的环境气氛。

例如，北京饭店、南京金陵饭店地处繁华市中心，人来人往、熙熙攘攘、闹中有静、十分便利；广州白天鹅宾馆、无锡湖滨饭店地处江边湖畔，放眼望去景色宜人；庐山、九寨沟等度假胜地的酒店使人处于山美、景美的氛围中，令人心旷神怡。

（二）建筑风格

宴会厅建筑风格各具特色，有传统东方风格（中式、日式、印度式等）与西方风格（英式、意式等）两大类，主要类型包括宫殿式、园林式、民族式，其余还有现代式、乡村式、综合式、西洋式、特殊式等。

1.宫殿式

（1）特点：以古代皇家建筑风格为模式，外观雄伟庄严，金碧辉煌，色彩多以金黄、古铜色为基调，雕梁画栋，彩绘宫灯，富丽堂皇，如北京仿膳饭庄、天津登瀛楼龙宴厅。

（2）要求：厅内布置、室内陈设要与宴会厅风格浑然一体，色调不宜太多，可用绿色植物点缀以增添生气，营造一种安静大气的氛围。

（3）使用：适合举办中国传统文化名宴、商务宴和寿宴。

2.园林式

园林式是我国独具特色的宴会厅形式。宴会厅房融合在亭台楼阁、假山飞瀑之中，以幽、雅、清、静为特征。

（1）园林式宴会厅主要有以下形式。

①园林中的餐厅，以北京颐和园"听鹂馆"、扬州个园"宜雨轩"为代表。

②餐厅中的园林，餐厅中有假山石、亭台楼阁、悬泉飞瀑，使客人仿佛置身于园林之中，

以杭州"天香楼"为代表。

③园林式餐厅，园林与餐厅浑然一体，园林即餐厅、餐厅即园林。

（2）要求：宴会厅与园林风格协调，讲究借景扬景，突出优雅僻静。主色调以绿色、灰色为主，以宁静雅致为布置目标。

（3）使用：适合举办文会宴、商务谈判宴。

3. 民族式

（1）特色：与各民族的文化习俗相适应，突出各民族地区的特色，如傣族风味餐厅、维吾尔族风味餐厅；也包括不同地区的文化特色，如楚文化、吴文化、齐鲁文化。

（2）要求：突出地区特色，体现民族特征。通常北方突出浑厚质朴，南方突出乡间情趣。

（3）使用：适合普通的民间欢迎宴、旅游点的朋友聚会宴。

（三）宴会场地

1. 固定部分

宴会场地布置中固定不变的部分包括宴会厅的面积、墙面、地面、家具、布件。

（1）面积。宴会厅可分为小包房（摆放 1~5 张餐桌）与多功能厅（摆放 5 张餐桌以上的大、中型宴会厅）两种。宴会厅应视房型、柱子的数量与柱子的位置、间距设计座位面积。宴会人均面积一般可按 $1.8 \sim 2.2 m^2$ 计算，宴会厅的房型中 1.25：1 的长方形有效使用率最高，正方形、圆形次之。宴会厅房门的位置、数量、大小、开启方向也对宴会厅面积的有效利用产生影响。大宴会厅的餐桌之间要有主、辅通道，主通道的宽度不少于 110cm，辅通道的宽度不少于 70cm。椅子背距桌边约 76cm，移动间距为 90cm，座椅所需宽度为 65cm，两张餐桌的椅背拉开后间隔应不小于 75cm。大、中型宴会厅在摆放桌椅数量较少时，要注意空旷面积不能太多，此时可以用屏风加以隔断，或用大型植物等加以填充。宴会厅太拥挤或者太空旷都会影响用餐的气氛。

（2）墙面。宴会厅内占面积较大的墙面可通过竖立客户的广告板、企业标志板来进行遮挡。

（3）地面。在主通道的地面上加盖地毯，在大片空地上摆放绿色植物，进行遮盖和美化。

（4）家具。宴会厅家具包括餐桌、餐椅、服务台、餐具柜、屏风、花架等。家具设计应配套，使其与宴会厅其他装饰相映成趣，统一和谐。座椅要齐全、牢固、优质。家具清洁、无污渍、无油漆剥落，金属附件光亮。

（5）布件。宴会厅的布件主要包括以下四方面。

①窗帘。窗帘分内外两层，外层材料较厚，可选用较深颜色，参照墙面颜色而定，或近似色，或反差色，通常会选用单色的紫红色、墨绿色、咖啡色、灰色、鹅黄色等。改变窗帘颜色的方法有：更换内外层窗帘；选用浅色内层窗帘，外加彩色灯光照射；打开窗帘借用外部城市灯光；用窗花装饰窗户，在窗帘上进行装饰，如蝴蝶结、布幔、彩带、彩色气球等。

②桌布。白色桌布可在任何情况下使用。

③台裙。酒店若备用台裙的颜色不多，容易造成台裙的颜色与环境不配，因此要准备好几种常见色系的台裙。也可采用圆形台布，下垂至距地面 2cm 处，代替台裙使用。

④椅套。椅套以及椅套的装饰是很好的点缀色，运用得当，能起到画龙点睛的作用。

尤其是椅套上的饰物，它可以是其他颜色的条带、蝴蝶结、彩绳加彩穗、彩绳加中国结等。

2. 临时部分

宴会场地布置中临时的部分包括室内清洁程度、空气质量、温度高低、灯光明暗、艺术品和移动绿化的布置，以及根据宴会主题临时布置的场景。一般应根据主办者的意愿，从以下方面进行设计。

（1）背景花台。背景花台是一种在大型喜庆宴会中经常采用的渲染主题气氛的装饰手段。其制作方法是首先搭建一个台阶，宽度是背景宽度的 65%~80%，高度是背景高度的 70% 以上，每级台阶的宽度都大于花盆的直径，高度等于花盆的高度，然后将花盆放在台阶上。背景花台可以搭放在主桌的后面，也可以搭放在宴会厅的入口处，还可以选择大型宴会厅的中堂，即主人迎客的地方。

（2）活动舞台。大型宴会厅一般采用活动舞台，根据客人的不同要求，搭建不同大小、不同朝向、不同内容与主题的舞台。舞台最好选用活动舞台车，舞台大小尺寸为 180cm × 240cm，高度为 40~120cm（宴会厅面积 200m² 左右的为 40cm，300~400m² 的为 60cm，500~800m² 的为 80cm，800m² 以上的为 120cm）。舞台高度还应考虑宴会厅房顶的高低、舞台的使用要求，演出、时装表演的舞台要适当高一点，每 15cm 安排一级台阶。

（3）背景布置。背景在宴会厅中非常醒目，是表现宴会设计气氛的重要组成部分，它能通过颜色、字体、单位标志、口号、照片来反映宴会的主题。背景板的高度不低于背景墙高度的 80%，宽度为舞台的宽度。双层对联式背景墙应在单层立板两边 20% 处，向前 1m 左右各搭一块立板，面积为单层立板的 40% 左右，适用于宴会中有文艺表演、时装表演等活动时使用。背景板的搭建有临时性的木架、固定性的铁架和可移动的铝合金架，可搭配蒙布，在布上增加各类装饰内容。

（四）宴会气氛

宴会气氛是宴会就餐环境带给人某种强烈感觉的精神表现和情景感受。宴会气氛分为有形气氛和无形气氛。

1. 有形气氛

有形气氛是指通过宴会环境、宴会建筑、宴会厅堂、内部装潢、空间布置等使客人产生不同的心理体验。有形气氛包括外部气氛和内部气氛，其中内部气氛是宴会场景设计的核心。

2. 无形气氛

无形气氛包括员工的服务形象、服务态度、服务语言、服务礼仪、服务技能、服务程序等，通过无形气氛可以使人产生愉悦、满意、温馨等心理感受，主要受宴会厅经理的管理能力和员工的服务形象等因素的影响。

二、宴会场景设计的原则

（一）宾客导向意识

宾客满意的宴会，才是成功的宴会。必须时刻关注客人需求的多样化、层次性、多变性、流行性、突发性。这需要从四方面完成：①满足主办者的要求；②考虑主宾的要求；③参考其他参宴者的需求；④拟订应急方案。

（二）与主题协调一致原则

各种摆设、台形、布置、点缀、灯光、色彩等要围绕和衬托主题。场景布置要立意清晰，突出主题，如根据历史、文化、文学、时事、时尚等因素，主动寻找、策划主题宴会。例如，婚宴要求吉庆祥和、热烈隆重，在环境布置时，可以摆放一对龙凤呈祥雕刻、一幅鸳鸯戏水图，会起到画龙点睛、渲染气氛、强化主题意境的作用。

（三）突出特色的原则

宴会的特色不但体现在菜肴、服务方式等方面，宴会场景设计也会给宾客留下难忘的印象。例如，2008 年 8 月 24 日是北京奥运会闭幕之日，在钓鱼台的国宴上，现场布置富含浓郁的中国风，以款待出席奥运会闭幕式的国际贵宾；在巨幅背景画上，人们看到了寓有圆满、喜庆之意的中国国花——牡丹；盛放的花朵围绕着巨画中央的中国印，以中国式的含蓄隽永，优雅地表达了中国成功举办盛会的喜悦心情；迎宾曲采用了《彩云追月》；每张桌子都以鲜花为名，如牡丹、茉莉、兰花、月季、杜鹃、荷花、茶花、桂花、芙蓉。

三、宴会场景设计的内容

（一）确定餐台

确定餐台是指确定餐台的类型、形状、数量及规格。餐台包括以下类型。

1. 主台

主台是指供宴席主宾、主人或其他重要客人就餐的餐台，又称 1 号台，它是宴请活动的中心部分。主台一般只设 1 个，安排 8~20 人就座，通常使用圆形台或条形台。中餐宴会以圆形主台为多，主台直径最小为 180cm，且比其他餐台大。条形台规格至少为 240×120cm，并根据所坐人数相应增大。

2. 副主台

参加宴会的贵宾较多时，可设若干副主台。副主台以圆台为主，一般可设 2~4 个，每席坐 8~12 人。其大小应在主台和普通台之间，一般直径为 160~180cm。

3. 一般餐台

一般餐台多选用圆台，每席坐 10 人，餐台的直径至少应为 160cm，但中低档大型宴会由于场地面积的限制，也可相应选用略小的规格。

4. 备餐台

备餐台多为长条形，根据餐桌数量和服务要求而设。一般是 1 个餐台配 1 个备餐台，或 2~4 个餐台配 1 个备餐台，可用小条桌、活动折叠桌或小方桌拼接。备餐台有多种规格，选择时应视具体情况而定，如 40×80cm、45×90cm、80×160cm 等。

5. 临时酒水台

宴会规模较大时，可设若干临时酒水台，以方便服务人员取用。精心布置的临时酒水台还具有一定的装饰效果。在有充足备餐台的情况下，也可不设临时酒水台，而直接将酒水摆在备餐台上。临时酒水台的形状、规格不做统一要求。

（二）确定餐椅

宴会餐椅以靠背椅为主，主台的餐椅可以特殊一些，场地较小时还可选用餐凳，同时还要考虑准备一定数量的备用餐椅。

（三）确定绿化装饰

1. 绿化装饰区域

绿化装饰区域一般是在宴会厅门口两侧、厅室入口、楼梯进出口、厅内的边角或隔断处、话筒前、花架上、舞台周围等，宴会餐台上有时也布置鲜花。

2. 盆栽品种

盆栽品种可供选用的有盆花、盆果、盆草、盆树、盆景等。一般来说，喜庆宴会可选用盆花，以当时季节的代表品种为主，形成百花争艳的意境，显示热烈欢快的气氛。此外，如果求典雅可多用观赏植物，如文竹、君子兰；阔叶植物如棕榈、葵树、苍松、翠柏等，树形开阔雄伟，点缀或排列在醒目之处，可以增加庄重的气氛。宴会餐台排列较松散时，可用盆栽点缀。选用盆花时还要考虑各地习俗和忌讳，如日本忌荷花、意大利忌菊花、法国忌黄花等。

（四）确定标志、墙饰及人工布景

标志是指宴会厅中使用的横幅、徽章、标语、旗帜等。这是表现宴会主题的直接方式，要根据宴会的性质、目的及承办者的要求来设置。例如，国宴就要悬挂主客双方的国旗、菜单上要印国徽；婚宴可悬挂大红喜字或龙凤呈祥图案。

墙饰是指宴会厅内四周的字画、匾额、壁毯及其他类型的工艺装饰品，对整个宴会的环境起着衬托和美化作用。在一般情况下，墙饰是相对固定的，非特殊要求可不做更改。

人工布景就是借用人造的某种特定的微型景观，突出宴会的主题风格和特定意境，针对以下不同类型的宴会应有不同的人工布景方式。

（1）举办大型隆重的宴会时，一般要在宴会厅周围摆放盆景花草，或在主台后面用花坛、画屏、大型青枝、翠树、盆景作装饰，以增加宴会隆重、热烈的气氛。

（2）举办国宴时，要在宴会厅正面并列悬挂两国国旗，国旗的悬挂按国际惯例以右为上，左为下。我国政府宴请外宾时，中国国旗挂在左边；来访国的答谢宴会，应相互调换国旗位置。

（3）举办商务宴会时，致辞台一般放在主席台的后面或右侧，装有麦克风，台前用鲜花围住。

（4）举办婚宴时，一般要在靠近主席台的墙壁上挂双喜字，贴对联；举办寿宴时，要悬挂寿字，贴对联，烘托喜庆气氛。

（5）举办节日宴会时，要布置烘托节日气氛的装饰物，如元宵节可以摆设灯笼等装饰。

（五）确定色彩与灯光

1. 色彩的种类

在五彩缤纷的世界中，人类视觉能够感受到的色彩非常丰富，按照其种类可分为原色、间色和复色。其中，原色是指不能在分解的基本色，即红、绿、蓝。将原色中的两个颜色进行混合后得到的颜色称为间色，红色加绿色得到黄色，绿色加蓝色得到青色，红色加蓝色得到品红色。两个间色或一种原色和其对应的间色相混合所得到的颜色成为复色，复色中包含了所有的原色成分，因为各原色间的比例不等，从而形成了不同的橘红、红灰、米色、蓝绿色、青紫色各种不同的色彩。在整个宴会场景中，这些不同色彩的寓意和象征意义也有所不同。

（1）品红色、奶油色，令人觉得漂亮、可爱、大真。

（2）橙色、黄色，令人觉得轻松、快活。

（3）红色，令人觉得强烈、大胆、充满生机。

（4）米色系，令人觉得温柔、朴素、暖和、自然。

（5）玫瑰色、淡紫色，令人觉得雅致、优美。

（6）嫩草色，令人觉得宁静、清爽、清新。

（7）褐色、蓝色，令人觉得淡雅、爽快、时尚。

（8）深咖啡色、深橄榄色，令人觉得稳重、沉着、典雅。

（9）淡蓝色，令人觉得朴素、爽快。

（10）深蓝色、黑色，令人觉得庄重、严肃。

2. 色彩的心理影响

色彩是环境气氛中可视的重要因素。不同的色彩搭配会使人们产生不同的心理生理反应，暖色系会给予人温暖、兴奋、光明等感受，如红、橙、黄色；冷色系有寒冷、沉静、寂寞等感受，如蓝、绿、紫色。色彩是设计人员用来创造各种心境的有效工具。

（1）红色：强有力的色彩，最能加速脉搏的跳动，使人兴奋、激动。

（2）蓝色：一种极其冷静的颜色，能够缓解紧张情绪，使人感到优雅、宁静。

（3）黄色：给人高贵的印象，还可使人感到光明和喜悦。

（4）绿色：森林的主调，富有生机，有助于消化，使人放松、平静心情。

（5）橙色：充满生气和温暖的感觉，能使人产生活力、激发食欲。

（6）紫色：神秘，给人印象深刻，淡紫色给人雅致、优美的感觉，但深紫色会给人压抑感。

（7）白色：视觉上比较安稳的色系，给人以安静、纯洁、神圣的感觉。

3. 色彩的使用

在宴会设计中，可以通过使用色彩对宾客的心理产生影响，利用色彩效应产生不同的功效，具体内容如表3-1所示。

表3-1　色彩效应的类型、影响方式及功效

效应类型	影响方式	功效
物理效应	冷热、远近、轻重、大小等	1. 能够优化人的心境，稳定人的情绪
感情刺激	兴奋、消沉、开朗、抑郁、动乱、镇静等	2. 利用色彩可以减轻人在精神和肉体上的痛苦
象征意象	庄严、轻快、刚、柔、富丽、简朴等	3. 有助于提高人的生理机能

◆◆◆ 知识链接 ◆◆◆

　　小王的餐馆开在闹市，服务热情周到且价格合理，可是前来用餐的顾客却很少，生意一直冷清。一天，小王去请教心理学家，心理学家来餐馆视察一番后，建议小王将室内墙壁的红色改为浅绿色，把白色餐桌改为红色。果然，生意兴隆起来。惊喜的小王向心理学家请教改变色彩的秘密，心理学家解释道："红色使人激动、烦躁，顾客进店后心神不宁，哪有心思吃饭；而浅绿色使人感到安宁、心静。"小王忙问："餐桌也改成绿色不是更好吗？"心理学家答道："那样，顾客进来后就不愿意离开了，占着桌子会影响其他顾客进店用餐，而红色的桌子会使顾客吃得更快。"

　　4. 宴会配色方案

　　在宴会场景设计时，可根据宴会的风格，选择以下配色方案。

　　华丽风格：主色为酒红色和米色。

　　娇艳风格：主色为粉红色和白色。

　　硬朗风格：主色为黑白两色。

　　轻柔风格：主色为奶黄色、白色，如奶黄色地面与墙面，象牙白色家具，室内配以大面积轻薄适当的提花涤纶做垂地窗帘和床罩、帷幔，点缀少量嫩绿色、天蓝色饰品。

　　高贵风格：以玫瑰色和灰色为主色。

　　清爽风格：主色为淡蓝色。

　　喜庆风格：以红色、橙色等暖色为主色，如深红色地毯、橘红色墙面，华贵的暖色织锦缎床罩和台布，挂上红纱宫灯，摆上金色烛台，贴上绚丽的剪纸。

　　质朴风格：尽量用材料本来的颜色，如原木色的家具。

　　在宴会厅配色设计过程中，要想提高宾客的流动率，可使用红绿相配的颜色，而不使用诸如橙红色、桃红色、紫红色等颜色，因为这些颜色有一种柔和、悠闲的感觉。反之，要想延长宾客的就餐时间，就应采用柔和的色调、宽敞的空间布局、舒适的桌椅、浪漫的光线和温柔舒缓的音乐来渲染气氛，从而使顾客延长逗留时间。

　　另外，色彩还能够用来表达宴会厅的主题思想。例如，在海味宴会厅的墙上可画上帆船航海图，或在梁上悬挂着帆缆，甚至救生艇；在反映现代主题的宴会厅中，也可采用大胆强烈的对比色，如采用色彩对比强烈的黑白两色为主色。

（六）确定宴会场景设计方案

　　确定宴会场景设计方案，需要画出餐台排列平面布局示意图、列出宴会场景布置的物

品配置单。较为简单的物品配置可直接在场景布局示意图上标出，复杂情况下则须另列清单，以便有关人员逐一落实。

四、宴会台面设计

宴会台面设计也称餐桌布置艺术。一个成功的台面设计，就像一件艺术品，令人赏心悦目，能够给参加宴会的宾客营造隆重、热烈的氛围。宴会台面设计既要充分考虑到宾客用餐的需求，也要有大胆的构思和创意，将实用性和观赏性完美结合。

宴会台面设计技术是餐厅服务员高素质的体现，是宴会设计的重要内容。餐台上放置一些花和饰物作为点缀，会显得生机勃勃、优雅别致。好的台面设计既能体现酒店的接待层次，也能衬托宴会的气氛、增加宴会主题的艺术内涵。现代宴会台面布置一般以简洁、素雅、协调为主，崇尚自然、个性化的也不少，台面使用的花和布置的图案应因赴宴者的不同而有所区别。

宴会台面设计有以下要点。

1. 根据宴会主题和赴宴者的特点确定设计方案

宴会台面设计要依据宴会主题及赴宴者的消费目的、年龄、消费习俗、消费标准等因素，确定台面设计方案。例如，为开业庆典而设计的台面与婚宴、寿宴、答谢宴会的台面有很大的不同。

2. 根据宴会主题，为台面设计方案命名

成功的台面设计都有一个典雅的名字，一个恰当的名字可以突出宴会主题，暗示台面设计的艺术手法，增强宴会的气氛，如珠联璧合宴、蟠桃庆寿宴、圣诞欢乐宴等。在表现宴会主题的基础上，台面命名可以根据台面的形状或构造命名、根据每个餐位上餐具的件数命名、根据台面造型及寓意命名、根据宴会菜肴名称命名。

五、宴会台形设计

宴席台形设计是指将宴席所用的餐桌按一定要求排列组成的各种格局。宴席台形设计总体要求是：突出主台，主台应置于显著的位置；构成一定的几何图形。餐台的排列应整齐有序；间隔适当，既方便来宾就餐，又便于席间服务；留出主行道，便于主要宾客入座。多桌宴席桌次的高低，根据习惯，以离主桌位置的远近而定，即主桌第一，左高右低，近高远低。

宴会场地和台形安排，原则上要根据宴会厅的类型、宴会主题、就餐形式、宴会厅的形状大小、用餐人数以及组织者的要求等因素进行设计。宴会台形设计有以下基本原则。

（1）根据宴会厅的形状和规模设计台形。

（2）遵循中心第一，以右为尊，近高远低，面向厅门，靠近主席台为上。

（3）根据宴会的档次设计餐位面积。

（4）宴会厅的通道及动线设计方便宾客行走。

宴会台形设计可分为中餐宴会台形设计、西餐宴会台形设计和自助餐宴会台形设计。

（一）中餐宴会台形设计

1. 小型宴会台形设计（十桌以下）

（1）一桌宴会台形设计。餐桌应置于宴会厅的中央位置，宴会厅的屋顶灯对准桌心。

（2）两桌宴会台形设计。餐桌应根据宴会厅的形状及门的方位而定，分布成横一字形或竖一字形，第一桌在宴会厅的正面上位，如图3-1所示。

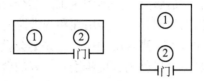

图3-1　两桌宴会台形示意图

（3）三桌宴会台形设计。如果宴会厅是正方形的，可将餐桌摆放成品字形；如果宴会厅是长方形的，可将餐桌安排成一字形，如图3-2所示。

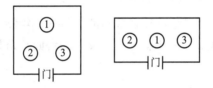

图3-2　三桌宴会台形示意图

（4）四桌宴会台形设计。如果宴会厅是正方形的，可将餐桌摆放成正方形；如果宴会厅是长方形的，可将餐桌摆放成菱形，如图3-3所示。

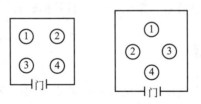

图3-3　四桌宴会台形示意图

（5）五桌宴会台形设计。如果宴会厅是正方形的，可在厅中心摆一桌，四角各摆一桌，也可摆成梅花瓣形；如果宴会厅是长方形的，可将第一桌摆放于宴会厅的正上方，其余四桌摆成正方形，如图3-4所示。

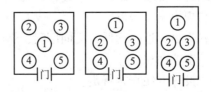

图3-4　五桌宴会台形示意图

（6）六桌宴会台形设计。如果是正方形宴会厅，可将餐桌摆放成梅花瓣形；如果是长方形宴会厅，可将餐桌摆放成菱形、长方形或三角形，如图 3-5 所示。

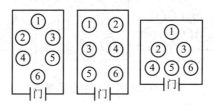

图3-5　六桌宴会台形示意图

（7）七桌宴会台形设计。如果是正方形宴会厅，可将餐桌摆放成六瓣花形，即中心一桌，周围摆六桌；如果是长方形宴会厅，可将餐桌摆放成一桌在正上方，六桌在下方，呈竖长方形，如图 3-6 所示。

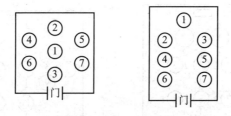

图3-6　七桌宴会台形示意图

（8）八至十桌宴会台形设计。将主桌摆放在宴会厅正面上位或居中摆放，其余各桌按顺序排列，或横或竖，或双排或三排，如图 3-7～图 3-9 所示。

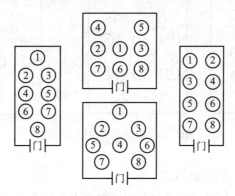

图3-7　八桌宴会台形示意图

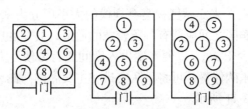

图3-8　九桌宴会台形示意图

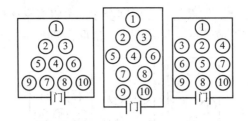

图3-9 十桌宴会台形示意图

2. 中型宴会台形设计（11~20桌）

中型宴会台形设计可参考九、十桌宴会台形设计。如果宴会厅面积大，可将餐桌摆放成别具一格的图案。中型宴会应注意突出主桌，主桌由"一主两副"组成。中型以上的宴会均应在主桌的后侧设讲话台和麦克风，如图3-10所示。

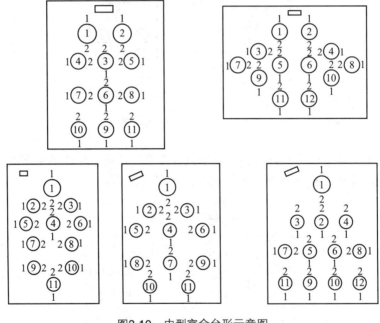

图3-10 中型宴会台形示意图

3. 大型宴会台形设计（21桌以上）

大型宴会由于人多、桌多，应视宴会的规模将宴会厅分成主宾席区、来宾席区等若干服务区。主宾席区一般设5桌，即一主四副。主宾餐桌位置要比副主宾餐桌位置突出，同时台面要略大于其他餐桌。来宾席区视宴会规模的大小可分为来宾一区、二区、三区等。大型宴会的主宾区与来宾区之间应留有一条较宽的通道，其宽度应大于一般来宾席桌间的距离，如条件允许应不少于2m，以便宾主出入席间通行方便。大型宴会要设立与宴会规模相协调的讲台。如有乐队伴奏，可将乐队安排在主宾席的两侧或主宾席对面的宴会区外围。大型宴会台形如图3-11所示。

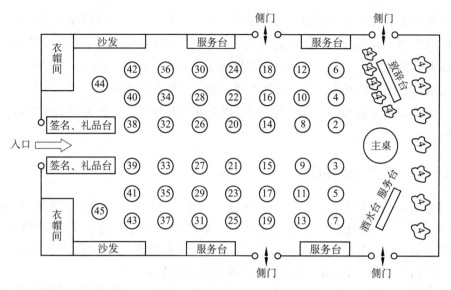

图3-11　大型宴会台形示意图

4. 中餐宴会台形设计的注意事项

（1）中餐宴会大多数用圆台，餐桌的排列特别强调主桌的位置。主桌应放在面向餐厅主门，能够纵观全厅的位置。将主宾入席和退席要经过的通道辟为主行道，主行道应比其他通道宽敞、突出。其他餐台座椅的摆法、背向要以主桌为准。

（2）中餐宴会不仅强调突出主桌的位置，还十分注重对主桌进行装饰，主桌的台布、餐椅、餐具、花草等也应与其他餐桌有区别。

（3）要有针对性地选择台面。一般直径为150cm的圆桌，每桌可坐8人；直径为180cm的圆桌，每桌可坐10人；直径200~220cm的圆桌，可坐12~14人；如主桌人数较多，可摆放特大圆台，每桌坐20人左右。直径超过180cm的圆台，应设有转台；不宜放转台的特大圆台，可在桌中间铺设鲜花。

（4）摆餐椅时要留出服务员的分菜位，其他餐位距离相等。若设服务台分菜，应在第一主宾右边、第一与第二客人之间留出上菜位。

（5）重要宴会或高级宴会要设分菜服务台。一切分菜服务都在服务台上进行，然后分送给客人。主桌要专设服务台，其余各桌酌情设服务台。服务台摆设的距离要适当，便于服务员操作，一般放在宴会厅四周。

（6）大型宴会除了主桌外，所有桌子都应编号。席次牌（号码架）放在桌上，使客人从餐厅入口处就可以看到。席次的编排应照顾到客人的风俗习惯，如招待欧美宾客的宴会，应跳过"13"编号。客人也可从座位图知道自己桌子的号码和位置。编排座位计划应为可能出现的额外客人留出座位，一般情况下应预留10%的座位，最好事先与主人协商一致。

（7）台形排列根据餐厅的形状和大小及赴宴人数的多少来安排，桌与桌之间的距离以方便穿行上菜、斟酒、换盘为宜。一般桌与桌之间的距离不小于1.5m，餐桌距墙的距离不小于1.2m。

（8）大型宴会台形设计要根据宴会厅的大小，即方厅、长厅或根据主人的要求进行设计，设计要新颖、美观大方，强调会场气氛，做到灯光明亮。通常要设计讲话台，麦克风要事先装好并调试好。绿化装饰布置要求做到美观高雅。此外，吧台、礼品台、贵宾休息台等视宴会厅情况灵活安排，要方便客人穿行和服务员提供服务。

（9）合理使用宴会场地。宴会若安排文艺演出或乐队演奏，在安排餐桌时应为其留出一定的空间。

（二）西餐宴会台形设计

西餐宴会一般使用长台。台形一般摆成一字形、马蹄形、U 字形、T 字形、E 字形、正方形、梳子形、鱼骨形、星形、教室形等，如图 3-12 所示。宴会采用何种台形，要根据参加宴会的人数、餐厅的形状以及主办单位的要求来决定。餐台可由长台拼合而成，餐椅之间的距离不得少于 20cm，餐台两边的餐椅应对称摆放。

一般来说，一字形台一般设在餐厅的中央位置，与餐厅两侧的距离大致相等，餐台的两端留有余地，便于服务员工作；U 字形台横向长度应比竖向长度短一些；E 字形台的三个翼长度一致，竖向要长于横向；教室形台主宾席用一字形长台，一般来宾席则用长方形餐桌或圆形餐桌，人数较多的西餐宴会才用此种台形。

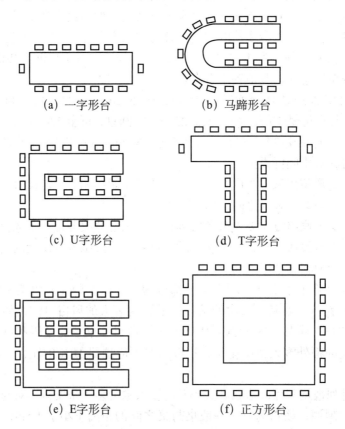

(a) 一字形台　　　　　　(b) 马蹄形台

(c) U字形台　　　　　　(d) T字形台

(e) E字形台　　　　　　(f) 正方形台

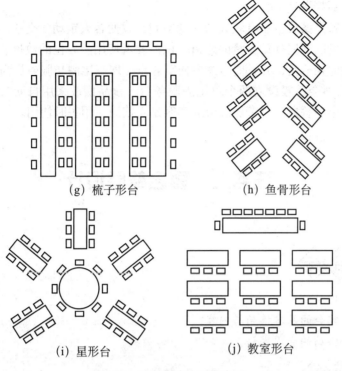

(g) 梳子形台   (h) 鱼骨形台

(i) 星形台   (j) 教室形台

图3-12　西餐宴会台形示意图

（三）自助餐宴会台形设计

1. 冷餐会台形设计

冷餐会的餐桌应保证足够的空间，以便布置菜肴。按照人们正常的步幅，每走一步就能够挑选一种菜肴的情况，应考虑所供应菜肴的种类与规定时间内客人数量之间的比例问题，进度缓慢会造成客人排队或坐在自己的位子上等候。

餐桌可以摆成 V 字形、U 字形、L 字形、C 字形、S 字形、Z 字形及四分之一圆形、椭圆形。为了避免拥挤，便于供应，烤牛肉等主菜可以摆设独立的供应摊位，如图 3-13 所示。

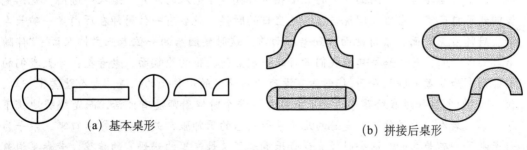

(a) 基本桌形   (b) 拼接后桌形

图 3-13　冷餐会台形示意图

2.鸡尾酒会台形设计

鸡尾酒会的餐桌摆放应留有较大的活动空间，以便客人走动、交谈。鸡尾酒会一般不设座位，只在会场的四周摆放少量的座椅，供需要者使用。餐位的数量、位置应与宾客的人数、会场的场地相适应，并且要考虑方便宾客点、取鸡尾酒与服务员为宾客送饮料。

50人以上的酒会一般设立两个鸡尾酒服务台。食品摆放采用自助餐形式。在会场内设立数量适当的小型餐桌，供参加酒会的宾客站立饮酒、用餐时使用。

任务二　宴会格局设计

1. 理解宴会格局的含义。
2. 掌握现代宴会的基本格局与内容。
3. 掌握宴会格局的专用术语。

1. 能够熟练描述各类宴会的基本格局和内容。
2. 能够根据实际情况熟练运用宴会格局中的餐具、菜肴、席点与小吃的搭配。

宴会赏析

南山厅的故事

某酒店的一位常客要为母亲庆祝八十岁大寿，他当时预订了一个房间，当班经理给客人发房间号的时候没有发108房间，而是发了酒店的南山厅，寓意寿比南山。这样小小的改变，让客人非常惊喜。

经理又向客人要了老人不同时期的五张照片，时间跨度非常大，从年轻时候到儿孙满堂。生日宴会当天，南山厅里的五个相框都换成了老人的照片。老人一进门，就感觉像回到了自己家。当班经理说当客人过生日的时候，就会有一位厨师在厅内煮一碗长寿面。厨师煮完了面，亲自把面端到老人面前，这时候酒店的一位专业主持人说："伴随着我们成长的，是妈妈早起为我们煮好的一碗热气腾腾的烩锅面，老寿星，今天我们的厨师亲手为您煮一碗长寿面，您尝尝有没有为儿子煮的那种面的味道。"老人就尝了一口，说："你们怎么知道我给孩子煮面的味道？"这个时候厨师没有说话，而是缓缓地摘下了口罩。老人一看呆住了，是她的儿子穿着酒店的厨师服，戴着厨师帽和口罩，亲手为母亲煮了一碗长寿面。这个时候背景音乐响起了《烛光里的妈妈》的旋律，老寿星抱着她的儿子泪流满面。

一、宴会格局的含义

广义上讲，宴会格局指宴会饮食、服务以及其他聚会活动的编排顺序和构成比例。

狭义上讲，宴会格局仅指宴会菜单中除酒水外的饮食品种的基本构成、所占比例及编排顺序。本书中若无特别说明，宴会格局均指狭义的含义。

二、现代宴会的基本格局与内容

各类宴会饮食品种的基本构成、所占比例千差万别，但从服务形式上看，主要分为餐桌服务式宴会和自助式宴会；从宴会形式上看，主要分为中餐宴会和西餐宴会。

（一）中餐餐桌服务式宴会的基本格局与内容

中餐宴会受各地饮食习俗、自然环境和经济水平影响，有一定风格差异，但各菜系宴会的格局与内容趋于一致，具有以下特征。

1. 菜肴格式较为统一

目前中餐餐桌服务式宴会的宴会格局从整体来看分为四个阶段：第一阶段是冷菜，形式多种多样，有彩盘、大拼，单、对镶等；第二阶段是热菜，根据不同标准一般可以由6~9道热菜组成，各类餐厅可根据具体情况灵活掌握；第三阶段是小吃、席点、主食及随饭菜，小吃、席点一般是面食点心，突出地方风味，反映饮食民俗，目前中餐宴会中这几个项目品种可以相互代替，不一定全部包含；第四阶段是水果，它是宴会饮食内容结束的标志。这一宴会格局吸收了传统宴会的优点，经过实践证明具有一定的科学性，被广泛采用。

在通常情况下，中餐宴会上菜的基本规则是先冷后热、先菜后点、先咸后甜、先炒后烧、先清淡后肥厚、先优质后一般。尽管这一格局总体上是四段式结构，宴会设计者也可以根据每一宴会的主题、市场情况和顾客需要，对某一个或某几个阶段进行强化或弱化，从而形成不同风味与特色的宴会。

2. 不同风味、菜式相融合

现代宴会不再与传统宴会一样，按照单一的风味、菜式进行排列组合，宴会菜肴充分体现了南方与北方、沿海与内陆地区饮食文化的进一步交流与融合，在突出本地区风味的基础上，尽可能多地穿插其他菜系的菜肴。这样可以丰富宴会的内容，扩大宴会的适用范围。

（二）西餐餐桌服务式宴会的格局与内容

西餐分为包伙与零点两种就餐形式。西餐餐桌服务式宴会属于包伙形式，包伙也称定食。西餐宴会经过长期的发展，已形成一种较为稳定的格局，其基本结构被称为 full course，即全套菜式。这种全套菜式又可以分为早餐宴会格局和正餐宴会格局。

1. 早餐宴会格局

早餐宴会格局大致分为欧陆式和英式。欧陆式早餐宴会内容包括盘肠面包类与黄油，主要有烤制的月牙形黄油小面包、香甜盘肠面包、玉米面包等，用餐饮料有咖啡、茶、牛奶等。英式早餐包括果汁类和水果类；谷物类，主要有燕麦片玉米面包等；禽类蛋，一般加有火腿或腌肉的各式禽蛋菜肴；面包黄油；用餐饮料有咖啡、茶、牛奶等。

2. 正餐宴会格局

正餐宴会格局一般包括冷菜、汤、主菜、甜点、餐后饮料五个部分。

（1）冷菜。前菜有时也称冷盆、头盆、头盘、餐前小食等，主要是开胃小食品，包括前菜、色拉，可配餐前酒。色拉一般有素色拉、荤色拉和荤素混合色拉。在实务中，可以根据宴会档次和宾客的需要进行选择，色拉与前菜可以互相代替，不必两者都上。

（2）汤。汤有牛尾汤、鲜蚝汤、清炖肉汤等。

（3）主菜。按照西方人的习惯，主菜一般只选一道菜品，通常是烹调工艺复杂、口味最具特色、分量最大的一类菜品，包括鱼虾类、肉类、禽类、野味类菜品，再配以新鲜蔬菜。主菜要求色、香、味、形方面既具有特色，又能刺激食欲，平衡营养。主菜可配各种酒。

（4）甜品。甜品包括布丁、奶酪和各种水果制作的甜菜，有时也配面包和黄油。

（5）餐后饮料。餐后饮料有红茶、咖啡等，也可配餐后酒。餐后饮料主要具有醒酒、解腻、帮助消化的作用，红茶是目前西餐宴会常见的餐后饮料，在实际应用中可以灵活调整。

（三）中餐自助式宴会格局

中餐自助式宴会格局通常包括六大类：冷菜类、汤类、热菜类、主食类、水果类、饮料类。

（四）西餐自助式宴会格局

西餐自助式宴会格局通常包括八大类：冷盘类、沙拉类、汤类、切肉类（也称席前分割）、热菜类、甜点水果类、面包类（配黄油）、饮料类。

三、宴会格局术语

（一）餐具类

在宴会中，餐具的使用是非常讲究的，碟在狭义上是一种餐具，比盘小且平，多为圆形，也不乏异形，以瓷质、陶质、搪瓷、玻璃、不锈钢制品为主，广义上则是宴会上的一种上菜格式，所涉及的内容较多。

1. 手碟

手碟是宴会上供客人用手取食的碟子。每人面前一个，碟子里以装瓜子为多，也可装甜杏仁或松子，也有瓜子、杏仁合装的，称为瓜杏手碟。也常在宴会开始以前入座饮茶时搭配手碟，有葵瓜子、西瓜子等。

2. 开胃碟

开胃碟是受广式宴会影响而被川式宴会接受的格式，后被各地宴会采纳，在东北一些地方又称压桌茶。开胃碟是在上冷茶之前，送上如油炸花生米、甜酸头或糖水菠萝、腰果之类的小食品，也有完全川化的红油萝卜干、拌黄丝、跳水泡菜等，具有开胃、刺激食欲的作用，在等待客人陆续到来的这段时间起调节气氛的作用；也可缓冲因餐厅生意太好，上菜不及时带来的负面影响。

3. 骨碟

骨碟又称接食盘、怀抱盘，为五寸盘，用于承接食物残渣、骨渣等，在较高级的宴会中，更换频率较高，有时达 5~6 次，由执台者执行更换，有的是布菜一次则换一次。

4. 味碟

味碟是装调料的餐具，圆形、口浅，直径约 7cm，可装酱油、醋、红油辣椒、甜酱、豆瓣酱、椒盐等调料，供宾客蘸用。随菜上桌的调味品也称味碟，有的菜肴是带味碟上桌的，如香酥鸭子、四吃鲍鱼等。

5. 单碟

单碟是宴会的碟子菜，因一个碟子盛装一种菜，故有此名。单碟有冷、热碟之分，但热碟须和冷碟同上，不能单用，宴会上单碟用量的多少，根据宴会规格的高低而定，但均为双数，如四单碟、六单碟等。可以根据客人和季节需要，上二冷碟、二热碟或上四冷碟、四热碟。席上如有中盘，则单碟又称围碟。

6. 围碟

围碟是相对单碟而言的，即在餐桌中间有一大冷盘，围绕在其周围的单碟即称围碟。

7. 对镶冷碟

对镶冷碟是指一盘同盛两样冷菜，宴会上所用的对镶冷碟对荤素原料的选择、色泽搭配、味型调制、刀工、装盘等都十分讲究；零餐中的对镶冷碟不太讲究，有两样镶成即可，有的地区又称其为双拼。

8. 四七寸碟

四七寸碟是指宴会中用四个七寸碟或者盘子装的冷碟。因宴会规格不同，也有用四个八寸盘的，称为四八寸碟；用九个五寸碟的，称为九五寸碟，以此类推。四七冷碟常用于普通宴会。

9. 十二花碟

十二花碟在传统宴会中为水果、蜜饯、腌卤凉菜各四种，一般为五寸碟。在现代宴会中则多以凉菜形式出现。

10. 十三巧碟

十三巧碟是十三个五寸碟，传统的十三巧碟以冰糖、蜜枣、瓜砖、橘红等糖食组合而成。所谓巧，是指根据宴会上宾客的数量来限定每一盘菜的数量，应刚好够每人下一次筷，夹取一块（片、条），回筷则无。现代的十三巧碟多为冷菜。

11. 彩盘

彩盘又称彩拼、花拼，属工艺菜，多用于冷菜，是用多种食物材料，经过精巧的刀工，用堆、摆、刻、雕等艺术手法，塑造出各种花鸟鱼虫、兽禽龙凤等栩栩如生的形象或各种美丽的图案，并用天然色彩来美化菜肴，是一种既可观赏又可食用的造型艺术，制作彩盘必须遵循的原则是：美味可口，不矫揉造作，且符合卫生标准。例如，川菜常用的彩盘有熊猫戏竹、孔雀开屏、迎宾花篮、蝴蝶牡丹等。

（二）菜肴类

1. 大菜

主菜是宴会中热菜的统称，也称正菜，主要是指趁热进餐的菜肴，包括大菜和热炒菜两种。大菜由整只、整条、整块的原料烹制而成，装在大盘或大碗中上席的菜肴，一般采用烧、烤、蒸、炸、脆熘、炖、焖、熟炒、叉烧、氽等烹调方法。热炒菜一般采用滑炒、煸炒、干炒、炸、熘、爆、烩等烹调方法制作而成，以达到菜肴口味多样、形态各异的效果。

2. 头菜

头菜是指宴会席中规格最高的菜品，常用烤、扒、烩、蒸等技法制作，排在所有主菜最前面，统率全席。按照传统习惯，不少宴会的名称是根据头菜的主料来命名的。鉴于头菜的特殊地位，配置时应注意三点：首先，头菜的烹饪原料应是山珍海味，或常见原料中的优良品种，其成本约为热菜成品的 1/5~1/3；其次，头菜应与宴会性质、规格、风味相协调；最后，头菜地位应醒目，盛器要大，如大盆、大碗、大盘，宜用整料制作或大件拼装，装盘丰满，注意造型，名贵的头菜可分份上桌。

3. 甜菜

甜菜（含甜汤、甜羹）泛指一切甜味菜品。甜菜用料多选用果蔬菌耳或畜肉蛋奶，可起到改善营养、调剂口味、增加滋味、解酒醒酒的作用。宴会可配 1~2 道甜菜，品种应新颖，档次要相称。

4. 素菜

宴会切不可忽视素菜。素菜有两种，一种是纯素，另一种是花素。纯素是指主料、配料和调料均为植物性原料，不沾任何荤腥，如植蔬四宝、香菇菜心；花素是指主要原料为素料，调料、配料（含用汤）可以兼用荤腥，如开水白菜、蚝油生菜。

5. 汤菜

（1）二汤。二汤定名于清代，由于满族宴会头菜多为烧烤，为了爽口润喉，头菜后往往要配一道汤菜，因其在主菜中排在第二位，故名二汤，如清汤燕菜、推纱望月。二汤多由清汤制成，使用碗盛装。

（2）座汤。座汤是宴会中规格最高的汤菜，通常排在主菜的最后面，又称押座菜、镇席汤。为了不使汤味重复，若二汤为清汤，座汤就用奶汤，反之亦然。座汤可用品锅盛装，冬季常用火锅代替。汤菜的配置原则是：一般宴会仅配座汤，中高档宴会加配二汤。

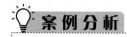

餐间用筷礼仪

摆放筷子时应轻拿轻放，次序以餐桌上、下及尊、卑次序摆放，入席后不能玩耍筷子，更不能用筷子敲击餐桌台面。摆放时，筷子应整齐竖直地放在筷架上，不可将筷子的一端摆在盘、碗的边缘。用餐时，客人和晚辈不可以先用筷子，须等主人、长辈拿起筷子后才能随之动用，即表示用餐开始了。

虽然中餐宴会中，选用餐桌上的菜肴和食品时多为自便，但在使用筷子的动作上也是有讲究的。俗语说"忌八筷"，讲究礼仪才不会使旁人厌烦。

一忌戳筷：不要用筷子指向别人，戳戳点点地与别人讲话。

二忌搅筷：不要用筷子搅动盘、碗中的菜肴，挑肥拣瘦地翻乱食物。

三忌剔筷：不要用筷子当牙签剔牙缝。

四忌插筷：不要把筷子插在碗中的食物上或插在碗中。

五忌舔筷：不要用舌头舔筷子。

六忌迷筷：不要用筷子夹选食物，又不知选哪道菜，在餐桌上来回晃动。

七忌交叉筷：避免与别人同时夹菜，不使自己用的筷子与别人的筷子成交叉状。

八忌敲筷：用餐时不得用筷子敲击餐桌上的各类盘、碗。

文雅地使用筷子，体现了用餐者的风度和心态，这一点要特别注意。

由准备入席就餐直到用餐完毕，整个过程都要时刻注意自己的举止和谈吐，具体包括以下内容。

（1）端庄就座，不急不躁：事先找到入席时自己应坐的位置，入席后坐姿端庄、文雅。

（2）客随主便，文明用餐：大家就座后主人要讲一些客套话，等主人拿起筷子后大家再一起拿起筷子进餐。

（3）大家吃好，自己吃好：宴会席间尽量照顾他人。

（4）用餐时不要随意离席，自己吃好了，可把筷子横放在桌面上以表示自己不再继续用了。用餐完毕主人先起身离席，大家再随之离开。

（5）口内有食物不得与他人谈话。

（6）吃剩的秽物不得乱扔。

（7）俗话说"主不请，客不尝"，用餐时不得表现出贪婪。

（8）不要让女士坐在餐席座次的最后。女士不给同辈或同事中的男士斟酒。

（9）用餐时身体的大臂和肘关节内收，不得给人以趴在餐桌上的感觉。

（10）用餐时不得吸烟，更不能当众擤鼻涕及乱打手势。

（11）控制自己的饮酒量，不得过量饮酒造成失态，给众人不安全感。

结合本案例，分析以下问题：

1. 就餐礼仪包括哪些？

2. 假如你因生意需要宴请一位非常重要的客人，你应该注意哪些礼仪？

项目四　宴会服务设计

任务一　宴会餐台设计

1. 掌握宴会台面设计。
2. 了解宴会摆台设计。
3. 掌握宴会台面的原则与要求。
4. 掌握美化宴会台面的方法。

1. 能摆出一个实用美观、富有创意、具有特色的宴会台面。
2. 能设计大型中餐宴会、西餐宴会的各种台面。

宴会赏析

"致匠心"中餐主题宴会设计实例分析

一、选题背景和主题来源

中餐主题宴会设计作品"致匠心"是2017年全国职业技能大赛一等奖作品，该作品以匠心为主题背景，通过"匠人情怀"赋予台面灵性与情感，对"工匠精神"进行诠释和解读，希望宾客在用餐过程中体会到匠人精进技术，严苛赤诚的匠人之心，感受到中国工匠精神的伟大之处。

工匠精神是中国人自古至今、绵延百代孜孜以求的。早在《诗经》中，就把对骨器、象牙、玉石的加工形象地描述为"如切如磋""如琢如磨"。对此，《论语》中十分肯定，朱熹在《论语》注中解读为"治之已精，而益求其精也。"再看《庄子》中的"庖丁解牛，技进乎道"、《尚书》中的"惟精惟一，允执厥中"以及贾岛关于"推敲"中的斟酌，都体现了古代中国的匠人精神。而早在西周时期中国就已设立了"百工制度"，丝绸、瓷器、茶叶、漆器、金银器等产品曾是世界各国王公贵族和富裕阶层的宠儿，中国古代的"中国制造"远近闻名。

"工匠精神"，不仅体现了对产品将精心打造、精工制作的高要求，促进我国由制造业大国向制造业强国转变，更有助于迎接工业4.0的到来。纵观古今，一脉相承的"工匠精神"正是"致匠心"中餐主题宴会创意的灵感所在。

二、设计元素解析

1. 布草设计

餐台桌布选用沉稳大气的深咖色打底，配以优雅时尚的淡黄色装饰布，装饰布四角以木工榫卯构件的水印图案做点缀，与中心装饰物遥相呼应。

餐巾选用台底布草，样式简单大方，口布圈以中国古代木匠工艺流程图进行创意设计，与主题吻合。椅套选用台面布草，椅子正面和背面印有体现主题的中国古代木制建筑图案，呼应台布和主题。所有布草均采用棉麻材料，质地环保，符合酒店经营实际需要。

2. 中心艺术品设计

中心艺术品采用带有主题寓意的刨刀、墨斗等传统手工木工工具，搭配中国传统插花，木器表面长年累月磨砺出的纹理，手感质朴且分类精细，即代表了严谨的技术要求，还有设规陈墨、千锤万凿后的光泽和品质如一的美感，体现出"匠心"所向，持之以恒之意。

筷套和牙签套的设计和台布、椅套遥相呼应。正面绘有《题王右丞山水障》首句"精华在笔端，咫尺匠心难"以画龙点睛，诗句内涵丰富、气势不凡，呼应主题。

主题牌的设计崇尚简单大方，体现匠心之作，选用木质挂架，手工制作菱形主题名片镶嵌其中，色彩搭配和图案设计与整个台面设计遥相呼应。

杯具采用健康无铅水晶杯，造型精致；餐具采用洁白如玉骨质瓷，规格统一，体现匠人纯粹的艺术追求和无瑕的产品信念，紧扣主题又意味隽永。

3. 工装设计

工装设计是对传统汉服的改良，使之与中餐主题宴会相适应，颜色选用与主题相协调的黄色作为主色，深咖色作为点缀，款式简单大方，便于操作。

4. 菜单元素设计

菜单呈现方式新颖独特，以方形手工雕花木质盒作为菜单容器，厚重典雅，造型古朴，突出悠久文化韵味，菜单采用折叠形式展现，具有浓重的历史画面感，字体大小合适，贴合主题。客人打开香盒取出菜单的过程，会有曲径通幽、一探究竟的猎奇体验。

"食不厌精，脍不厌细"。本次宴会的烹饪大师秉承这一古训，对食材精雕细琢，用一双灵巧的手，创造独具匠心的味道。"悦于形，匠于心"是本次主题宴会的菜单名称，菜品选用以"精"见长的淮扬菜，既满足宾客口腹之欲，又和精益求精的匠心精神相吻合。

三、"致匠心"中餐主题宴会设计的探索与提高

1. 主题创意要有可推广性

中餐主题宴会要想在餐饮中得到推广应用，就需要有能够彰显时代、彰显地域、彰显人文等的文化内涵和广泛被喜爱、被接受的群众基础。"致匠心"的主题设计基于《诗经》《论语》《庄子》《尚书》中的匠人精神，其主题的选择有一定的文化基础。其次，"致

匠心"的主题也符合我国由制造业大国向制造业强国转变的时代潮流，因此也是符合我国时代需求的选题。

2. 宴会台面设计要有协调性

从设计学的角度出发，协调感是设计作品的重要评判标准之一。宴会台面设计作为设计的一种类别，也不例外。因此，要体现出宴会台面设计的整体协调美感，台面餐具、装饰物造型、颜色、图案等的位置、朝向也是一种学问。"致匠心"的色调选取以深咖色、淡黄色为主，整体与匠心的主题相符，无论是椅套、中心装饰物的设计还是菜单的设计，都与整体协调统一，为宾客带来心旷神怡的感受。

3. 宴会菜单设计要有合理性和美观性

菜单设计包含菜单内容设计和菜单外形设计。菜单外形设计，如菜单材料的选择(纸质、竹简、扇子等)、颜色的选择、形状的选择等都会影响宴会台面的整体美感。菜单内容设计根据宴会档次标准、顾客的需要和菜品的时令来精心编排，人均消费要具有一定的合理性。

(资料来源:滕爱凤,孟飞,赵娟."致匠心"中餐主题宴会设计实例分析[J].区域治理,2020(26).)

一、宴会台面

宴会台面是由餐台、台布、餐巾、花卉等以及摆在桌面上的各种器皿、菜点等构成。由于宴会台面的形状、风格、用途不同，可以划分为很多种类。

（一）宴会台面的类型

1. 按餐饮风格分类

宴会台面按餐饮风格分为中餐宴会台面、西餐宴会台面、中西合璧宴会台面。

（1）中餐宴会台面。中餐宴会台面用于中餐宴会，一般用圆形桌面和中式餐具摆设。台面造型图案多为中国传统吉祥图饰，如大红喜字、鸳鸯、仙鹤等。

（2）西餐宴会台面。西餐宴会台面用于西餐宴会，常用方形、长条形、半圆形等，一般摆设西式餐具。

（3）中西合璧宴会台面。若赴宴者既有中国人又有外宾，一些宴会采用中菜西吃的方式。在台面摆设采取了中西餐交融的摆设方法，既有中餐的特点，也有西餐的特点。摆放的餐具主要有中餐用的筷子、骨碟、汤碗，西餐用的餐刀、餐叉、餐勺及各种酒具等。

2. 按台面的用途分类

宴会台面按台面的用途可分为餐台、看台、花台。

（1）餐台。餐台也叫食台、素台，在宴会服务行业中称为正摆台。宴会餐台的餐具摆放应按照就餐人数的多少、菜单的编排和宴会的标准来配用。餐台上的各种餐具、用具，间隔距离要适当，清洁实用，美观大方，放在每位宾客的就餐席位前。各种装饰物品必须整齐一致地摆放，而且要尽量集中。

（2）看台。看台是指根据宴会的性质、内容，用各种小件餐具、小件物品和装饰物品摆设成各种图案，供宾客在就餐前观赏。在开宴上菜时，撤掉桌上的装饰物品，再把小件餐具分给各位宾客，方便宾客在进餐时使用。这种台面多用于民间宴会和风味宴会。

（3）花台。花台是指用鲜花、绢花、盆景、花篮以及各种工艺美术品和雕刻物品等，点缀构成各种新颖、别致、得体的台面。花台的台面设计要符合宴会的内容，突出宴会的主题，图案造型要结合宴会的特点，要具有一定的代表性，色彩要鲜艳醒目，造型要新颖独特。

（二）宴会台面的命名

（1）按台面的形状或构造命名。这是最基本的命名方法，但过于简单，如中餐的圆桌台面、方桌台面、转台台面；西餐的直长台面、T字形台面、M字形台面、工字形台面等。

（2）按每位客人面前所摆小件餐具件数命名，如5件餐具台面、7件餐具台面等。便于了解宴会的档次和规格。

（3）按台面造型及其寓意命名，如百鸟朝凤台、蝴蝶闹花台、友谊台等。

（4）按宴会的菜肴名称命名，如全羊台、全鸭台、海参台、燕窝台。

二、宴会台面设计

宴会台面设计源于欧洲，19世纪末、20世纪初传入我国。宴会台面设计是饮食文化高度发达的产物，是现代文明进步的表现。宴会台面设计又称餐桌布置、摆台、铺台。根据宴会主题、菜单类型、菜肴种类，运用美学知识，采用多种艺术手段，为客人摆放餐桌、确定席位，将各种宴会台面餐具及其他物品进行合理摆设和装饰点缀的过程，使宴会餐台形成一个完美的餐桌艺术组合。

（一）宴会台面设计的意义

1. 烘托宴会气氛

宴会具有社交性和隆重性，讲究进餐气氛。当宾客走进宴会厅，看到餐桌上造型别致的餐具陈设、千姿百态的餐巾叠花，便能感受到隆重、高雅、洁净、轻松的气氛。

2. 反映宴会主题

通过台形、口布、餐具等的摆设和造型，巧妙地将宴会主题和主人愿望通过艺术的方式表现在餐桌上，表明宴会档次。

3. 显示宴会档次

档次低的宴会，台面布置简洁、实用、朴素；档次高的宴会，台面布置复杂、富丽、高雅。

4. 确定宾客座序

按国际礼仪，可通过餐桌用品的布置来确定宾客座序，确定主桌和主位，如用口布来确定主人与其他宾客的席位；多桌宴会可以通过台形来明确主桌。

5. 提高管理水平

宴会台面设计不仅是一门科学，也是一门艺术。精美的台面可反映出宴会设计师高超的设计技巧和服务员娴熟的造型艺术，可反映服务员的服务水平和酒店的服务档次。

（二）宴会台面设计的原则

宴会台面设计需根据宴会的主题、菜单和酒水的特点、民族风格和饮食习惯进行设计，并遵守下列原则。

1.实用性与便捷性原则

宴会台面设计讲究实用、便捷，不可太烦琐，应尽量做到方便、快捷、实用。因此在设计时要考虑餐桌间距、餐位大小、餐具摆放等，尤其要关注儿童和残疾宾客的需求。餐具的摆放应以符合进餐要求为前提，其位置正对座椅，间距要均匀合理。

2.美观性原则

宴会台面要给客人带来美的享受和轻松的意境，因此设计时要充分体现美学特征，对美观性的追求永无止境，若是与传统文化、时代特征、主题意义有机融合，那么宴会台面不但外观美，内涵也丰富深厚。

3.礼仪性原则

宴会台面设计应充分考虑宾客的声望、地位、国别、民族等特点，体现出符合礼仪规范的文明风尚。

（三）宴会台面设计的要求

想成功地设计和摆设一张完美的宴会台面，必须做好充分的准备工作，既要进行周密、细致、精心、合理的构想，又要大胆借鉴和创新，无论怎样构想与创新，都必须遵循宴会台面设计的一般规律和要求。

1.根据宴会菜单和酒水特点设计

宴会台面设计要根据宴会菜单中的菜肴特点来确定小件餐具的品种、数量。不同档次的酒席还要配上不同品种、不同质量、不同数量的餐具。

2.根据宾客的用餐需要进行设计

餐具和其他物件的摆放位置，既要方便宾客用餐，又要便于席间服务。

3.根据饮食习惯进行设计

安排餐台和席位要根据各国、各民族的传统习惯确定，设置座位花卉要尊重民族风俗和宗教信仰。

4.根据宴会主题进行设计

宴会台面设计要突出主题，符合档次，如接待外宾时可摆设迎宾席、友谊席、和平席等。

5.根据美观实用的要求进行设计

使用各种小件餐具进行造型设计时，既要设法使图案逼真美观，又要不使餐具过于散乱，宾客经常使用的餐具，原则上要摆在宾客的席位上以便于席间取用。

6.根据清洁卫生的要求进行设计

摆台所用的台布、口布、小件餐具、调味瓶、牙签筒和其他各类装饰物品都要保持清洁卫生，特别是小件餐具。摆设筷勺时，禁止手持筷子尖和汤勺舀汤的部位。摆设碗、盘、杯时，禁止触碰与嘴直接接触的部位，禁止接触用具的内壁。

7. 按时间、空间的要求进行设计

根据举办宴会活动的季节来设计台面，动中有静，静中有动，使人不感到厌倦。空间也是如此，不能平淡如水，要跌宕起伏，错落有致，在合适的时间和空间把宴会台面设计推向高潮。

二、宴会摆台设计

1. 摆餐台、餐椅

中餐宴会多选用木质圆台，根据宴会规格、宾客数量、场地大小选择合适的餐台。每位宾客所占的餐桌圆弧边长一般为 60cm，舒适时为 70cm，豪华桌为 85cm。摆放时，餐桌的四条桌腿应正对大门方向，避免主人碰撞桌腿。

2. 类型

宴会台面设计有中餐台面设计和西餐台面设计两大类。台面设计具有基本规律和共性，但各地、各酒店可根据宴会形式的不同，设计所用餐具数量及摆放方式，创造独特的台面设计方案。中餐宴会多选用高靠背的中式餐椅，从第一主人位开始，顺时针方向依次摆放餐椅。摆放位置有两种形式：一是均匀摆放，每把餐椅正对着餐位，椅间距离均等，餐椅的前端与桌边平行，椅座边沿刚好靠近下垂台布，餐椅呈圆形；二是采用"三三两两"方式，即南北方向各成一字形摆放三把椅子，东西方向也各呈一字形摆放两把椅子，餐椅呈正方形。

3. 铺台布

（1）铺台布的操作流程与规范如下。

① 确定站位。在铺台布前洗净双手。根据环境选用颜色和质地合适的台布，根据桌子的形状和大小选择规格合适的台布。检查台布是否洁净、有无破损，有一项不合格就不可使用；将座椅拉开，站在副主人位置上，把折叠好的台布放在铺设位的台面上。

② 拿捏台布。右脚向前迈一步，上身前倾，将折叠好的台布从中线处正面朝上打开，两手的大拇指和食指分别夹住台布的一边，其余三指抓住台布，使其均衡地横过台面，此时台布成三层，两边在上，用拇指与食指将台布的上一层掀起，中指捏住中折线，稍抬手腕，将台布的下一层展开。

③ 撒铺台布。将抓起的台布采用撒网式、推拉式、抖铺式的方法抛向或推向餐桌的远端边缘。在推出过程中放开中指，轻轻回拉至居中。该步骤应多练习，做到动作熟练，用力得当，干净利落。

④ 落台定位。台布抛撒出去后，落台平整、位正，做到一次铺平定位；台布平整无皱纹；台布中间的十字折纹的交叉点正好处在餐桌圆心上，中线凸缝在上，直对正、副主人位，两条副线，凸缝在主人位的右面，凹线在左；台布四角下垂均等，以 20~30cm 为宜；下垂四角与桌腿平行，与地面垂直。

（2）铺台布的方法有以下几种。

① 撒网式。确定站位、拿捏台布，抓住多余台布提至左肩后方，上身向左转体，下肢不动并在右臂与身体回转时，台布斜着向前撒出去，将台布抛至前方时，上身同时转体

回位，台布平铺于台面上。撒网式适用于宽大的宴会场地或技术比赛场地。

②推拉式：确定站位、拿捏台布，用两手臂的臂力将台布沿着桌面向胸前合拢，然后沿着桌面用力向前推出、拉回，铺好的台布十字居中，四角均匀下垂。推拉式适用于零点餐厅或较小的餐厅，客人就座于餐台周围等候用餐时或餐厅地方较小时也可采用这种方法。

③抖铺式：确定站位、拿捏台布，身体保持正位站立，利用双腕的力量，将台布向前一次性抖开，然后拉回，平铺于餐台。抖铺式适用于较宽敞的餐厅，或在周围没有客人就座的情况下进行。

4. 摆转盘

根据需要摆放转盘。在餐台中心摆上转盘底座，将转盘竖起，双手握转盘，用腿部力量将盘拿起，滚放在台面中心。要求转盘圆心、圆桌中心、台面中心三点重合。

5. 摆餐具

（1）摆放个人席位餐具，包括骨盘、筷子及筷套、筷架、调味碟、汤匙、汤碗、餐巾、白酒杯、啤酒杯、葡萄酒杯等。

（2）摆放公用餐具及服务用具，包括公筷、公勺、筷架、牙签盅、烟缸、花瓶、台布、台号牌、火柴、托盘、起盖扳手、骨盘等。

（3）摆放餐具顺序：以骨盘定位，按先左后右、先里后外，先中心后两边的顺序摆放。

（4）摆放餐具流程与规范：将餐具按照一盘、两筷、三酒具、四碗（及调味用具）、五艺术摆设的程序，分五盘依次码放在有垫布的托盘内，用左手将托盘托起（平托法），从主人座位处开始，按顺时针方向依次用右手摆放餐具。

◆◆◆ 知识链接 ◆◆◆

摆放餐具的五盘法

第一盘：摆看盘、骨盘。从主人位开始，按顺时针方向依次摆放看盘。看盘正对着餐位，盘边距离桌边1.5cm。盘间距离相等，盘中主花图案居正中间。正、副主人位的看盘，应摆放于台布凸线的中心位置。按上述方法依次摆放其他客人的骨盘。高档宴会如有看盘，骨盘摆放在看盘上面图案对正。骨盘与看盘之间垫放垫子，一是体现美观艺术，二是减少噪声。

第二盘：摆筷架、银匙、筷子。筷架摆在骨盘的右上方，距骨盘3cm。带筷套的筷子摆放在筷架的右边，筷子尖端距筷架5cm，筷子后端距桌边1.5cm，筷套图案向上。银匙摆放在筷架的左边，距盘边1cm。

第三盘：摆饮具（三套杯，即水杯、葡萄酒杯、白酒杯）。先将葡萄酒杯摆在看盘的正前方，居中，杯底距看盘1.5cm。白酒杯摆在葡萄酒杯的右侧，与葡萄酒杯的距离约为1cm；水杯摆在葡萄酒杯的左侧，距离葡萄酒杯约1cm。将折叠好的餐巾花插放在水杯中，三只杯子要横向排到，中心点成一条直线。

第四盘：摆口汤碗、汤匙、公用餐具。将口汤碗放在葡萄酒杯的正前方，距离1cm。将汤匙摆在口汤碗内，匙把向右。摆牙签有两种方法：一种是摆牙签盅，摆放在公用餐具右侧；另一种是摆印有本店标志的袋装牙签，摆放在每位宾客看盘的右侧，要注意摆放方向。在正、副主人汤匙的前方2.5cm处及两边，各横放一副公筷架，摆放公筷、公匙。筷子手持端向右，公匙在公筷下方。椒、盐调味瓶放在主客的右前方，两副公筷的中间，对面放酱、醋壶，壶柄向外。

第五盘：摆菜单、台号牌、花瓶。菜单摆在正、副主人席位右侧，下端距桌边1cm，菜单也可竖立摆放在水杯旁边。10人以下摆2份菜单，10人以上摆4份菜单，可摆成十字形。高档宴会中每位宾客席位右侧都摆放一份菜单；台号牌放在台布中心花饰的左边或右边，并朝向大门入口处。全部餐具摆好后，再次整理，检查台面，调整椅子，最后放花瓶，以示摆台结束。

任务二　宴会菜单设计

1. 掌握宴会菜单的种类。
2. 理解宴会菜单设计的指导思想及原则。
3. 掌握宴会菜单的设计方法。
4. 掌握宴会菜单设计的检查。

能够根据宴会菜单设计的要求及原则进行菜单设计。

宴会赏析

中餐主题宴会设计实例分析——以荷塘月色为例

北宋汪洙所编《神童诗》云："春游芳草地，夏赏绿荷池。"在百花之中，唯有荷花，身姿清纯，出淤泥而不染，濯清涟而不妖，历来为文人雅士所吟咏。荷花婀娜多姿、鲜艳水灵、优雅清香、清心解暑、出尘离染、养生益寿。因荷花具有观赏、食疗、保健、给人启发和教育的作用，不仅可以让"心"养生，还可以让"身"养生，符合现代人的饮食养生追求，故以荷花为主题进行宴会设计，营造一个荷塘月色的宴会场景，让大家在饮食过程中，既能享受荷花美食，又能欣赏荷花的清雅脱俗，达到颐养身心的目的。

一、"荷塘月色"主题宴会设计要素

宴会设计是以荷花为主题，通过营造荷塘月色的微缩景观，在赏荷、品荷中达到愉悦身心的目的，符合现代人的饮食养生追求。第一，台面用品设计。餐具（包括碗、味碟、汤勺、筷架）为白色带荷花的骨瓷。骨瓷是瓷器中的精品，细腻典雅，饰以荷花，彰显高洁淡雅的气息。整套餐具整齐统一，凸显主题。酒杯（包括红酒杯、水杯、白酒杯）为白色透明水晶杯，晶莹剔透，象征荷花的冰清玉洁。

悦身心的目的，符合现代人的饮食养生追求。

第一，台面用品设计。餐具（包括碗、味碟、汤勺、筷架）为白色带荷花的骨瓷。骨瓷是瓷器中的精品，细腻典雅，饰以荷花，彰显高洁淡雅的气息。整套餐具整齐统一，凸显主题。酒杯（包括红酒杯、水杯、白酒杯）为白色透明水晶杯，晶莹剔透，象征荷花的冰清玉洁。

在布草上，绿色带有荷花的提花台布作为底布和椅套，营造荷塘的场景；以米黄色带有荷花的提花台布作为面布，渲染温馨感觉；同时，绿色和米黄色的搭配形成视觉冲击，祥和中又不失清雅。餐巾折花采用荷花的颜色——粉红色，主位为仙鹤，象征长寿，表达出对宾客的最高礼遇和尊敬，让宾客感受到主人的热情；其余客位为风荷，象征宾客如风中的荷花，高洁、正直。

第二，中间艺术品。中间摆放一个直径为35cm、高20cm的透明椭圆形玻璃鱼缸，鱼缸内放上水、水草和几条小金鱼，鱼缸中间放上一块大小适宜的花泥，在花泥上插上新鲜的荷叶和荷花，整体的高度约28cm；2cm大小的月亮和星星小饰品在水中点缀，象征月亮和星星的影子，动静结合，与布草、餐具相结合，打造荷塘的微缩景观。整个台面搭配得当，和谐统一，清新雅致，设计独具匠心，使宾客心情愉悦，融入荷塘中。

第三，菜单的设计。菜单在设计样式上采用传统风格中最简单的双面折叠式。菜单的封面以带有月亮倒影的池塘为背景，展现出一幅荷塘月色的美景。菜单里面以青山、绿水及荷花为背景，配以竖式楷体，古韵浓郁。整体设计风格清新淡雅、自然舒适，沉醉其中，让人心境平和。

菜名采用复式菜名的形式。寓意菜名上，从荷叶田田、荷塘鱼欢、荷花飘香到荷塘月色流连忘返，分别从视觉、听觉、嗅觉上使宾客体会整个荷塘美景，再续以藕意天成、藕逢意合、藕意绵绵的美好祝福，最后颂扬荷花的清雅脱俗、出尘离染、清心益寿。整体菜名从视觉入手，使人联想其美好寓意，升华赞颂荷花的观赏美、荷花品德及荷花养身心的功效。具体菜名上以材料、做法来命名，直接体现了菜肴的食材、烹制方式，通俗易懂，便于客人理解以及根据自己的喜好进行选择品尝，从细微处贴近客人，如表4-1所示。

表4-1　荷塘月色主题菜单

寓　　意	菜　　名
荷塘美景	荷叶田田——清凉荷叶冷拼 荷塘鱼欢——荷叶蒸桂花鱼 荷花飘香——酥炸荷花什锦 荷塘月色——荷叶扒花胶仔 流连忘返——莲子炒肥牛粒
美好祝福	藕意天成——清炖辽参莲子 藕逢意合——藕粒炒鸡软骨 藕意绵绵——南乳烩嫩藕片
颂扬荷花	清雅脱俗——嫩豆腐荷花盏 出尘离染——莲蓉百合米糕 清心益寿——莲子莲花藕汤
修养身心	回味无穷——莲花水果拼盘

食材的设计上，采用荷塘四宝（莲子、莲藕、莲花、荷叶）与其他食材的组合。制作方法上，每道菜肴都采用不同的烹制方式，采用煮、蒸、烧、扒、炖等制作方法，体现烹饪方法多元化。菜品总体上较为清淡，质地较为软嫩、酥烂、滋补，适合大众人群，同时与主题荷花清新淡雅相映衬，相得益彰。从菜肴数量上看，安排一大冷碟，八热菜，一汤、一面点及水果拼盘，数量比一般宴会少，提倡勤俭节约，紧跟时代步伐。

二、"荷塘月色"主题设计的亮点

第一，定位准确，主题鲜明。通过荷塘微缩景观设计，对荷花的饮食文化做了认真详细的分析。通过淡雅的台面设置，清香四溢的气氛营造，让人心旷神怡。荷花出淤泥而不染，洁白高贵，不仅能美化生活，还能陶冶情操。

第二，菜品的设计上挖掘荷饮食文化紧扣主题。菜品的设计上结合荷塘四宝，莲花、荷叶、莲子、莲藕都是入膳、入药的良品，通过与其他食材的搭配烹饪达到养生的功效，体现荷的饮食文化。同时，在菜名上赋予一定的寓意，体现荷花的观赏价值、高尚品德，虚实结合，相得益彰。

第三，主题设计具有很好的市场需求。荷花不仅入诗入文，也入联入画入饰，大家对荷花一点都不陌生。荷花的功能多，能美容养颜、减肥、降脂，还能预防其他疾病，荷叶能清暑解热，莲梗能通气宽胸，莲瓣能治暑热烦渴，莲子能健脾止泻，莲心能清火安神，莲房能消淤止血，藕节还有解酒毒的功用，自叶到茎，自花到果实，无一不可入药。这是目前很多人想追求的健康饮食，此宴会老少皆宜，适合各类人群。

（资料来源：卢德君.中餐主题宴会设计实例分析——以荷塘月色为例［J］.佳木斯职业学院学报，2019（03）：211-212.）

菜单是现代餐饮企业营销乃至整个经营活动的关键要素。西方学者考西沃曾经以《以菜单进行管理》一书，系统地提出了从菜单出发，全面构建企业运营与管理体系的主张。在现代餐饮经营实践中，许多企业家从收入、成本及有关经营数据分析，客源构成及人均消费情况分析，菜肴分析三方面着手进行菜肴分析，其分析重点则是菜单。

菜单是一个餐饮企业的产品集合，是企业与顾客之间的信息桥梁，是企业无声的营业代表有效的菜单设计能够有效地将企业的产品策略、营销重点、产品特点传达给顾客，引导营销活动，达到店家、顾客双赢目的，而无效的菜单设计则是店家一厢情愿的产品展示，引起的是被动的交易行为，难以激起宾客对品牌及产品的忠诚感，也无法促进企业深入开展营销活动。重视菜单设计，不仅要关注美学层面，而且应该将本企业的产品个性、经营伦理、文化期待、市场诉求等元素融入其中。

设计宴会餐单应持严谨态度，只有掌握宴会的结构和要求，遵循宴会菜单的编制原则，采用正确的方法，合理选配每道菜点，才能使宴会菜单完善合理。

一、宴会菜单的定义

宴会菜单又称宴会菜谱，是指按照宴会的结构和要求，将酒水冷碟、热炒大菜、饭点蜜果等三组食品按照一定比例和程序编成的菜点清单。

二、菜单设计的意义

中国餐饮历史讲求"食以体政""饮食，所以合欢也"，传统的食单都是为此服务的，具有非交易性，是贵族饮食文化的载体。随着经济的发展和餐饮业态的成形与壮大，餐饮品种不断增多，交易行为的可选择性促使商业性菜单出现，尽管在此期间出现了"酒幌""跑堂唱菜"等菜单形式，但都不影响商业菜单经营工具的基本职能。

在现代餐饮市场中，菜单的重要性越来越为餐饮企业所认识，这是因为餐饮市场的发展程度已使竞争的深入、全面达到了前所未有的状态。企业产品有个性，企业才有个性，企业有个性的产品，能为一定数量的客人持续接受，就能形成自己的目标客户群。菜单的主要功能就是将个性产品以最大限度地呈现给客人，以引起宾客的消费兴趣。古老的商训说"人无特色莫开店"，在这个意义上，现代理念与传统思维异曲同工。

菜单是餐饮企业应对同行业竞争的主要工具，在同品质商圈中率先突围者即取得了竞争的主动权。这就要求在菜单设计过程中，注重其宽度、厚度，掌握与竞争对手博弈的技巧。

三、宴会菜单的作用

宴会菜单在餐饮经营管理中有重要作用，一份主题宴会菜单具有其鲜明的个性特色，能反映一个企业的经营风格，在某种程序上可以无声地影响宾客对个性产品的选择和购买。宴会菜单既是艺术品，又是宣传品，是企业与客人沟通的桥梁，是企业销售分析的重要资料。具体而言，宴会菜单具有以下作用。

（一）宴会菜单是宴会工作开展的核心

"Every thing starts form the menu."（一切始于菜单。）宴会菜单由宴会业务部门经理或厨师长根据宾客的消费标准，宴会主题、宾客需求、原料情况制定。制定出菜单后，宴会所用原料的采购、食品的烹调制作以及宴会服务的程序，都必须依据宴会设计内容进行。菜单是厨师的备忘录，不可轻视。即使是临时宴会时无法打印成文的菜单，厨师也要在了解宴会目的之后，制作与宴会相适应的菜品。总之，宴会菜单可以说是主题宴会的节目单，每个工作人员都是演员，他们每天都按照菜单这个节目单在表演。

（二）宴会菜单是宴会推销的手段

宴会菜单不是按原料或烹调方法对菜肴名称进行简单的罗列，它的制定是一个动态的、连续不断的过程，它是餐饮企业进行内部管理的文件和餐饮产品的宣传材料，是餐饮产品的生产说明书。宴会业务部门应拥有风格多样的宴会菜单，同时能根据宾客的需求，设计主题宴会菜单供选择，使人产生消费欲望，达到推销宴会的目的。菜单不仅可以通过信息向顾客进行促销，而且可以通过艺术设计衬托主题宴会的形象，另外也可以制作各式漂亮精巧的宣传产品，陈列在宴会餐台上可作为顾客的纪念品，如婚宴中的心形菜单，"六一"儿童宴中的苹果形菜单、卡通菜单，这些都可以提示和吸引顾客再次光临。主题宴会菜单的种类和形式虽然多种多样，但都是为了推荐产品的。现代餐饮市场已经进入充分竞争时代，各类餐饮企业的菜单设计与制作越来越精致、美观，越来越具有个性特色，使宴会菜单可以通过内容、形式、装帧起到组织客源、承担形象推广、扩大产品销售的作用。

（三）宴会菜单是宴会业务部门经营管理的工具

宴会菜单是管理人员分析菜品销售状况的基础材料。经营管理者要从市场消费与产品销售着眼，对菜单加以审查、分析、修改和完善，才能从根本上保证经营的成效。宴会菜单的设计人员要根据客人订菜情况，了解客人的口味、爱好，以及客人对宴会菜点欢迎程度等，在对企业销售情况进行详尽记录的基础上，对各种销售数据进行统计分析，从中发现客人的消费规律和其他有助于管理决策的信息，不断增补、删减和更新。宴会菜单有助于企业管理，改进生产计划和烹调技术，改善宴会的促销方法和定价方法。

（四）宴会菜单决定了餐饮成本及利润

用料珍稀、价格昂贵的菜品必然导致菜品原料成本的上升，而制作讲究、工艺复杂的菜品太多，又必然导致劳动力成本上升。各种不同成本的菜式，若能在品质与数量上维持合理的比例，将有利于提高企业的盈利能力。事实上，确定各式菜肴的成本，调整不同成本菜肴的种类、数量比例是宴会成本管理的重要环节，也就是说，宴会成本管理必须从菜单设计开始。

（五）宴会菜单体现了宴会的风格与主题

宴会菜单中详细罗列了宴会菜肴，通过菜单内容可以呈现宴会的风格与主题。许多主题宴会菜单的设计日益精美，为宴会厅增添许多雍容华贵的氛围，宴会菜单成为宴会厅中一道美丽的风景，是宴会设计的有机组成部分。

四、宴会菜单的种类

（一）按设计性质与应用特点分类

宴会菜单按其设计性质与应用特点分类，可分为固定式宴会菜单、专供性宴会菜单和点菜式宴会菜单。

1. 固定式宴会菜单

固定式宴会菜单又称自选菜单，是餐饮企业设计人员预先设计的列有不同价格档次菜品组合的系列宴会菜单。其特点是价格档次分明，由低到高，基本上包含了一个餐饮企业经营宴会的范围；所有档次宴会菜品组合都已基本确定；同一档次列有几份不同的菜品组合，供顾客挑选。根据宴会主题的不同，有套装婚宴菜单、套装寿宴菜单、套装商务宴菜单、套装欢庆宴菜单、套装全席菜单等。固定式菜单可满足宾客的一般性需要，但对有特殊需要的顾客而言，针对性不强。

2. 专供性宴会菜单

专供性宴会菜单又称定做菜单，是餐饮企业设计人员根据顾客的要求和消费标准，结合本企业资源情况专门设计的菜单。由于顾客的需求十分清楚，有明确的目标，有充裕的设计时间，因而这种类型的菜单设计针对性很强，特色展示充分。专供性菜单在实际生活中应用较广，是目前宴会菜单的一种主要形式。

3. 点菜式宴会菜单

点菜式宴会菜单是指顾客根据自己的饮食喜好，在饭店提供的点菜单或原料中自主选择菜品，组成一套宴会菜单（自助）。许多餐饮企业把宴会菜单的设计权交给顾客，仅提供通用的点菜菜单，由顾客在其中选择菜品，或提供的原料菜单由顾客确定烹调方法、菜肴味型、组合成宴会套菜，宴会菜单设计人员或接待人员在一旁做情况说明，提供建议。点菜式菜单让顾客在一个更大的范围内，自主点菜、自主设计宴会菜单，具有更强的适用性。

（二）按菜品排列形式分类

宴会菜单按菜品排列形式可分为提纲式宴会菜单、表格式宴会菜单等。

1. 提纲式宴会菜单

提纲式宴会菜单又称简式菜单。提纲式宴会菜单须根据宴会规格和客人要求，按照上菜顺序依次列出各种菜肴的种类和名称，清晰醒目地分行整齐排列。对所要购进的原料以及其他说明，则往往以附表作为补充。提纲式宴会菜单是宴会菜单的主要形式，在餐饮企业中应用极广，如表4-2所示。

表4-2　提纲式宴会菜单

类别	菜名	主料	烹法	色泽	质地	口味	外形	成本
冷菜	糖醋油虾	河虾	炸/渍	红亮	外脆内嫩	酸甜	自然形	15元
热菜	三色鱼丝	才鱼	滑炒	白色	滑嫩	咸鲜	丝状	11元

2. 表格式宴会菜单

表格式宴会菜单又称繁式席单。表格式宴会菜单将宴会格局、菜品类别、上菜程序、菜名及辅料数量、刀工与主要烹调技法，以及成菜色泽、口味和质感，餐具尺寸、形状和色调，还有成本与售价等，都列得清清楚楚；宴会结构的三大部分也都剖析得明明白白，如同一张详细的施工图纸。表格式宴会菜单比较详尽，但设计较困难，只适用于部分大型的风味宴会或对设计者特别有影响的宴会。

此外，宴会菜单还可按中西菜式分类，包括中餐宴会菜单和西餐宴会菜单；按宴饮形式分类，包括正式宴会菜单、冷餐会菜单、鸡尾酒会菜单和便宴菜单。

五、宴会菜单设计的指导思想

宴会菜单设计应遵循科学合理、整体协调、丰俭适度、确保双赢的指导思想。

（一）科学合理

科学合理是指在设计宴会菜单时，既要考虑宾客饮食习惯和品味习惯的适应性，又要考虑宴会膳食组合的科学性。宴会膳食不是山珍海味、珍禽异兽、大鱼大肉的堆叠，不能成为炫富摆阔、暴殄天物等畸形消费的工具，要突出宴会菜品组合的营养科学性与风味统一性。

（二）整体协调

整体协调是指在设计宴会菜单时，既要考虑菜品的相互联系与相互作用，又要考虑菜品与整个菜单的相互联系与相互作用。强调整体协调的指导思想，意在防止顾此失彼或只见树木、不见森林等设计现象的发生。

（三）丰俭适度

丰俭适度是指在设计宴会菜单时，要正确引导宴会消费，菜品数量丰足或档次高，但不浪费；菜品数量偏少或档次低，但保证吃好、吃饱。丰俭适度有利于倡导文明健康的宴会消费观念和消费行为。

（四）确保双赢

确保双赢是指餐饮企业要把自己的盈利目标自始至终融入宴会菜单设计。要做到双赢，既要让宾客的需要得到满足，利益得到保护，又要通过合理有效的手段为本企业带来应有的盈利。

六、宴会菜单设计的原则

（一）按需配菜，参考制约因素

"需"是指宾主的要求，制约因素是指客观条件。忽视任何一方，都会影响宴饮效果。编制宴会菜单，一要考虑宾主的愿望，对其提出的要求，只要是在条件允许的范围，都应当尽量满足；二要考虑宴会类别和规模，类别不同，配置菜点也应变化；三要考虑货源的供应情况，因料施艺；四要考虑设备条件；五要考虑厨师的技术力量，设计者纸上谈兵，值厨者必定临场误事。

（二）随价配菜，讲究品种调配

"价"是指宴会的售价，随价配菜是按照质价相称、优质优价的原则，合理选配宴会菜点。一般来说，高档宴会，料贵质精；普通酒宴，料贱质粗。随价可按以下方式进行。

（1）选用多种原料，适当增加素料的比例。

（2）名特菜品为主，乡土菜品为辅。

（3）多用造价低廉又能烘托席面的菜点。

（4）适当安排技法奇特或造型艳丽的菜点。

（5）巧用粗料，精细烹调。

（6）合理安排边角余料，物尽其用。

（三）因人配菜

因人配菜就是根据宾主的特点、喜好和忌讳，灵活安排菜式。编制宴会菜单，一要了解国籍，国籍不同，口味嗜好会有差异，如日本人喜清淡、嗜生鲜、忌油腻，爱鲜甜；二要注意就餐者的民族和宗教信仰，如回族忌食猪肉；三要考虑地域，我国自古就有"南甜北咸、东淡西浓"的口味偏好；四要了解宾客的职业，职业不同，其饮食习惯也有差异，如体力劳动者爱肥浓，脑力劳动者喜清淡，白领不喜欢太浓的大蒜味；五要采纳当地的传统风味及宾主指定的菜肴，更应注意编排，配菜的目标应该是让宾主皆大欢喜。

（四）应时配菜，突出名特物产

应时配菜是指设计宴会菜单要符合时令的要求。原料的选用、口味的调配、质地的确定、色泽的变化、冷热干稀的安排等，都须视气候不同而有差异。首先，要注意选择应时当令的原料。其次，要按照时令变化调配口味，即"春多酸、夏多苦、秋多辣、冬多咸，调以滑甘"。最后，注意菜肴滋汁、色泽和质地的变化，如夏秋气温高，应是汁稀、色淡、质脆的菜居多，春冬气温低，要以汁浓、色深、质烂的菜为主。

（五）酒为中心，席面贵在变化

酒为席魂，菜为酒设。从宴会编排的程序来看，先上冷碟是劝酒，跟上热菜是佐酒，辅以甜食和蔬菜是解酒，配备汤品与茶水是醒酒，至于饭食和点心，其作用是压酒。宴会是菜品的艺术组合，宴会菜单设计向来强调"席贵多变"，菜品间的配合应注重冷热、荤素、咸甜、浓淡、酥软、干稀的调和。菜品间的配合，要重视原料的调配、刀口的错落、色泽的变换、技法的区别、味型的层次、质地的差异、餐具的组合和品种的衔接。

（六）营养平衡，强调经济实惠

人们赴宴，除了获得口感上、精神上的享受之外，还会借助宴会补充营养，调节人体机能。配置宴会菜点，要多从宏观上考虑整桌菜点的营养是否合理，而不能单纯累计所用原料营养素的含量；应考虑所用食品是否利于消化，便于吸收，以及原料之间的互补效应和抑制作用；应注重食品种类齐全，营养素比例适当，提倡高蛋白、高维生素、低热量、低脂肪、低盐。现今的宴会，应适当增加植物性原料，使之保持在原料总量的 1/3 左右；应控制菜品数量，突出宴会风味特色；应控制用盐量，清鲜为主；应重视烹制工艺，突出原料本味。

七、宴会菜单的设计方法

（一）准备阶段

宴会菜单设计的准备阶段包括菜单设计前的调查研究和需求分析。

1. 调查研究

（1）宴会主题和正式名称，主办人或主办单位。

（2）宴会的用餐标准。

（3）出席宴会的人数或宴会的席数。

（4）宴会的日期及宴会的开始时间。

（5）宴会的就餐形式，是设座式还是站立式；是分食制、共食制还是自助式。

（6）宴会的类型，即中餐宴会、西餐宴会、冷餐会、鸡尾酒会或茶话会等。

（7）出席宴会宾客的需求，尤其是主宾对宴会菜品的要求，他们的职业、年龄、生活地域、风俗习惯、生活特点、饮食喜好与忌讳等，有无特殊需要。

（8）饭店提供酒水，还是顾客自带酒水，如若谢绝顾客自带酒水，要明确告知。

（9）结账方式。

（10）顾客的其他要求。

2. 需求分析

进行调查研究后，要对宾客的需求进行分析。首先，对有条件或通过努力能办到的需求，要给予明确的答复，让顾客满意，对实在无法办到的要向顾客做解释，使他们的要求和酒店的现实情况相互协调。其次，要将与宴会菜单设计直接相关的材料和与宴会其他方面设计相关的材料分开处理。最后，要分辨与宴会菜单设计有关的信息主次、轻重关系，把握住缓办与急办的关系。

（二）设计阶段

宴会菜单的菜品设计阶段，通常包括确定宴会菜单设计的核心目标、确定宴会菜品的构成模式、选择宴会菜品、合理排列宴会菜品及编排宴会菜单样式五个步骤。

1. 确定宴会菜单设计的核心目标

宴会菜单设计的核心目标有宴会的价格、宴会的主题、宴会的风味特色。例如，某酒店承接了每桌定价为 888 元的婚庆宴 50 桌的预订，其中婚庆喜宴即宴会主题，它对宴会菜单设计乃至整个宴会活动都很重要；每桌 888 元的定价即宴会价格，它是设计宴会菜单的关键性影响因素；所选菜品要能突出淮扬风味，宾客对此最为关注。

宴会主题的确定，一是可根据客人预订宴会的不同目的，即宴会的不同性质，来设计宴会的主题。例如，婚宴可以设计成"龙凤呈祥席""和和美美席""百年好和席""鸳鸯戏水席"；寿宴可以设计成"寿比南山席""五福临门席""延年益寿席"；商务宴可以设计成"天府之国席""红运当头席""祝君好运席"；朋友聚会宴可以设计成"八仙过海席""一帆风顺席""前程似锦席"；家宴可以设计成"平平安安席""天天大顺席""满堂春色席"等。二是可将头菜的主料作为不同档次宴会的主题，如"海参席""鲍鱼席"等。另外，如果是全席，可将所选用的主要原料作为筵席的主题，如"全羊席""全鱼席""豆腐席"等。

2. 确定宴会菜品的构成模式

确定宴会菜品的构成模式，必须根据整桌宴会的成本及规划菜品的数目，细分出每类菜品的成本及具体数目。在选配宴会菜品前，先可按照宴会的规格，合理分配整桌宴会的成本，再将其分配于冷菜、热菜、饭点、茶果，形成宴会菜单的基本架构。例如，一桌成本为 400 元的中档酒席，可包含冷碟 60 元，热菜 280 元，饭点茶果 60 元。

在每类菜品中，应根据宴会的要求，确定所用菜肴的数量，然后将该组食品的成本分配到每个具体品种中。确定了每个品种的大致成本后，就容易决定使用什么质量的菜品及用料了。

菜品数量一方面需要根据宴会的不同档次确定，一般宴会的菜品数量在 18 道以内，其中冷菜 2~4 道，约占 10%，热菜 6~10 道，约占 80%，小吃 1~2 道，约占 10%，汤 1 道。中档宴会的菜品数量在 25 道以内，其中冷菜 4~6 道，约占 15%，热菜 8~12 道，约占 70%，小吃 2~4 道，约占 15%，汤 1~2 道。高档宴会的菜品数量在 30 道以内，其中冷菜 6~10 道，约占 20%，热菜 10~15 道，约占 60%，小吃 4~8 道，约占 20%，汤 2~3 道。

另一方面，需要根据宾客的不同情况，确定菜品数量。如所宴宾客是体力劳工者、年轻人或男士，在菜品数量上就要比脑力劳动者、小孩、老人或女士多一些。此外，宴会菜品数量有时还讲究喜事逢双、丧事排单、庆婚要八、贺寿重九等。

3. 选择宴会菜品

（1）确定菜品的味型。一般宴会冷菜、热菜、小吃的味型不能重复，只允许冷菜中的味型和热菜中的味型重复。中、高档宴会除了咸鲜味可重复 5 次左右，甜香味可重复 3 次左右外，其余的味型都不能重复，以确保整个宴会中菜品味型的多样性（当然，汤和水果不在其内）。一般来说，菜品的味型，会随宴会档次的提高而更偏重清淡和原汁原味。另外，厨师在设计菜品的味型时，还应当注意现代营养学提出的低糖、低盐、低脂肪等方面的要求，考虑季节和地域，如春多酸、夏多苦、秋多辛、冬多咸，以及南甜、北咸、东辣、西酸。

（2）确定菜品的原料。宴会中菜品的原料，一般随档次的提高而更加讲究。一般宴会多用猪肉、牛肉、普通的鱼鲜、四季时蔬和粮豆制品，常有 10% 的低档山珍或海味充当头菜或主菜。中档宴会多用鸡、鸭、猪肉、牛肉、羊肉、河鲜、蛋奶、时令蔬菜水果和精细的粮豆制品，有 25% 的山珍和海味。高档宴会多用动植物原料的精华部分，山珍和海味约占 45%。在菜品的原料设计过程中，要注意一般宴会的冷菜、热菜、小吃的主料不能重复，只是冷菜中的主料和热菜中的某个菜品的主料可以重复；中、高档宴会的每个菜品主要原料都不能重复，以保证整个宴会选料的多样性。

另外，从营养学的角度考虑，菜品原料的设计要注意整个宴会菜品原料的荤素搭配，既要有富含高蛋白、高脂肪的肉类食品，也要有富含维生素的蔬菜、水果，并适当配一些豆类、菌类、笋类、薯类原料，尽量符合现代人的膳食平衡要求。

（3）确定主食、水果、茶水、酒水和饮料。

主食一方面要根据餐厅的实际情况而定，多为米饭，档次越高，所选用的米越好；另一方面要根据宾客的特殊要求而定，如偏爱水饺、面条等。

水果多选用时令的鲜果，档次高的，则会选用贵的、少见的或者进口的。

茶水除了宾客有特殊的要求，多为餐厅自己准备。

酒水和饮料，一般由宾客自点或自带。如果宾客没有特殊要求，在设计菜单的时候，需要根据宴会的档次和人数把酒水和饮料考虑进去。

（4）确定菜品的烹饪方法。一般宴会多为家常菜式，制作简易，烹饪方法多为炒和烧。中档宴会多由地方名菜组成，制作精细，重视风味特色。高档宴会常配有知名度高的特色菜，注重原汁原味，花色菜品和工艺大菜占有很大的比重。总的来说，菜品的烹饪方法会随宴会档次的提高而更加复杂。在整个宴会菜品的烹饪方法中，要求不能有两次以上的重复。

其实，如果宴会菜品已经确定了原料、味型和上菜的顺序，就基本确定了菜品的烹饪方法，如酥香菜多为炸、烤或烧烤，汤菜多采用煮、烩等。

（5）确定制作厨师。一般宴会的技术含量不高，可由初、中级厨师制作。中档宴会较为讲究，多由中、高级厨师制作。高档宴会由于选料精，工艺性强，往往需要高级厨师或技师制作，以确保宴会质量。

4. 合理排列宴会菜品

宴会菜品选出之后，还需根据宴会的结构，参照所订宴会的售价，进行合理筛选或补充，使整桌菜点在数量和质量上与预期的目标一致。待所选的菜品确定后，再按照宴会的上菜顺序将其逐一排列，便可形成一套完整的宴会菜单。

菜品的筛选或补充，主要看所用菜点是否符合宴会的目的与要求，所用原料是否搭配合理，整个席面是否富于变化，品质与价格是否相称等。对不太理想的菜点要及时撤换，重复多余的部分应坚决删去。

（1）确定菜品的餐具。一般宴会对餐具不是很讲究，冷菜多用圆盘，热菜多用条盘或窝盘，汤菜则用汤窝，不牵强即可。中档筵席，要求餐具整齐，使整个席面显得丰满。高档宴会的餐具则要求华丽珍贵（镀金、镀银），整个席面恢宏、跌宕多姿，气势非凡。较正规的宴会一般选用成套餐具，即一个颜色、一种花样，只是大小和形状不同的餐具。

（2）确定菜品的名称。一般宴会的菜名朴实无华，讲求实惠，多以主料或主辅料等命名。中档宴会的菜名比较雅趣别致，也会体现一般宴会和高档宴会的菜品命名特点。高档宴会的菜名典雅，文化气息浓郁，以意境或菜品的象征意义或美好的祝福等命名。另外，不同性质的宴会，对菜品的菜名也很讲究，如婚宴的菜名要喜庆、甜美；寿宴的菜名要围绕长寿等。

（3）确定菜品的上菜顺序。宴会中菜品的上菜顺序有几种，一般按头菜、榨菜、汤菜、鱼菜、行菜、素菜、甜菜、座汤的顺序，也可按头菜、榨菜、汤菜、素菜、行菜、鱼菜、甜菜、座汤的顺序，或者头菜、榨菜、汤菜、素菜、行菜、鱼菜、甜菜、座汤的顺序。小吃则是穿插在菜品中间。另外，还要注意同一味型或相近味型（如糖醋味、鱼香味、荔枝味）的菜品不能衔接太紧，以便更好地体现宴会的"一菜一格，百菜百味"。

5.编排宴会菜单样式

编排菜单的样式，其总体原则是醒目分明，字体规范，易于识读，匀称美观。

中餐宴会菜单中的菜目有横排和竖排两种。竖排有古朴典雅的韵味，横排更适应现代人的识读习惯。菜单字体与大小要合适，让人在一定的阅读距离内一览无余，看起来疏朗开放，整齐美观。要特别注意字体风格、菜单风格、宴会风格三者之间的统一。附外文对照的宴会菜单，要注意外文字体及大小、字母大小写、斜体的应用、浓淡粗细的不同变化，一般视读规律是小写字母比大写字母易于辨认，斜体适合于强调部分，正体和小写字母不容易使眼睛疲劳。

此外，宴会菜单的附加说明是对宴会菜单的补充和完善。常见的附加说明包括：介绍宴会的风味特色、适用季节和适用场合；介绍宴会的规格、宴会主题和办宴目的；列齐所用的原料和餐具，为举办宴会做好准备；介绍菜单出处及有关的典故传闻；介绍特殊菜点的制作要领以及整桌宴会的具体要求。

（三）检查阶段

1.宴会菜单设计内容的检查

（1）是否与宴会主题相符合。

（2）是否与价格标准或档次相一致。

（3）是否满足了宾客的具体要求。

（4）菜品数量的安排是否合理。

（5）风味特色和季节性是否鲜明。

（6）菜品间的搭配是否体现了多样化的要求。

（7）整桌菜品是否体现了合理膳食的营养要求。

（8）是否凸显了设计者的技术专长。

（9）烹饪原料是否能保障供应，是否便于烹调操作和接待服务。

（10）是否符合当地的饮食民俗，是否显示地方风情。

2.宴会菜单设计形式的检查

（1）菜目编排顺序是否合理。

（2）编排样式是否布局合理、醒目分明、整齐美观。

（3）宴会菜单的装帧、艺术风格是否与宴会主题一致，是否和宴会厅风格一致。

在检查过程中，如果发现有问题的地方，要及时改正，发现遗漏之处要及时补全，以保证宴会菜单设计的质量。

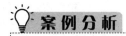

"碧海情天"结婚周年宴

为吸引普通消费者，餐饮企业越来越多地开展具有独特设计的宴会活动。餐饮企业根据顾客需求，选择当前的时代风尚、社会热点、民俗风貌等某一因素，作为宴会活动的中心内容，从台面色彩、中心装饰、餐具搭配、菜品设计等方面进行设计，吸引公众关注，满足赴宴者口味和感官的需求，这一活动被称为主题宴会设计。实践证明，通过独特的宴会设计，中餐宴会不仅能为宾客营造出浓郁的就餐氛围，还能提高中国美食在国际餐饮市场的影响力。

例如，"碧海情天"结婚周年宴很好地展现了主题，升华了宴会氛围。

一、主题内涵

本次宴会设计的主题名称为"碧海情天"，专为结婚周年庆典设计，也可根据宾客喜好用于婚宴。我国传统喜宴通常运用红色来烘托喜庆吉祥的气氛。但随着时代的发展，仅用单一的中国红已无法满足婚庆市场的多元化需求。随着"80后""90后"成为该市场的主要消费群体，在宴会中融入现代元素更能符合客源群体的需求。

海洋是生命的起源。相比内陆文化，海洋文化包罗万象，更富有兼容性和开放性。海洋的浩瀚壮观、变幻多端、奥秘无穷使得人们将视海洋为自由、浪漫、包容、博大的爱情象征。因此，本宴会选择以蓝色海洋为主题来进行设计，意在借大海的纯净和博大来表现爱情的专一与包容。

二、台面装饰与制作

1. 台面色调与装饰

为体现蓝色海洋的纯净清澈，整个台面选用蓝色和白色为主调。蓝色象征浪漫与深情，白色象征纯洁与专一，更能体现当代人对爱情的诠释和期望。台面中心装饰物、餐具、菜单、桌布、椅套及装饰物、口布花均采用蓝、白色搭配，以体现这一中心设计理念。此外，台面辅以贝壳、海螺、热带鱼、发光冰块、彩色花束等装饰物进行点缀，色彩上更加丰富，令人感到温暖，象征爱情绚烂美丽、光彩迷人的一面。台面设计的主要内容——中心装饰物通过三个层次来表现海洋。

首先，最上层代表海滩天空，寓意初恋。该层装饰物采用了三种不同物品：一是手工制作的彩色心形花束，象征如花朵般娇艳美丽的爱情；二是一对天鹅造型的玻璃工艺品，象征如胶似漆的感情；三是用蓝色玻璃砂制作的海浪造型，象征着汹涌澎湃的激情。

其次，中间层代表浅海，寓意热恋。该层装饰物以三个玻璃缸组成，玻璃缸中放置的物品有两个亮点：一是成双放置的彩色热带鱼，代表着这一时期二人相濡以沫、鱼水相谐；二是不同颜色的发光冰块，带来梦幻的色彩，代表爱情的变幻迷离。

最后，底层代表深海，寓意爱情的沉淀升华。该层主要用宝蓝和湖蓝两种颜色的玻璃石铺设，色彩较之前两层更加深沉，象征着爱情如深海般包容、稳定，其中点缀的各色形态的贝壳、海螺，象征着爱情的悸动与绚丽。

2. 制作材料与工艺

中心台面采用了大量玻璃、塑料材质的物品，色彩纯净清澈，能营造出海洋的清澈通透。彩色装饰物的点缀，使得台面更加温暖生动。玻璃鱼缸营造出台面层次感，镂空心形花环的设计使得台面在更加醒目的同时，不影响主宾交流。整个制作过程简单，原材料易得，具有很强的可操作性和实用性。最底层的玻璃石、贝壳、珊瑚等装饰采用随意铺放的方式，中间层鱼缸内的物品可现场装入，最顶层的心形花束也是手工扎制。几乎所有原材料都可重复利用，或应用于其他台面的装饰，实现了成本控制，符合酒店经营的实际需要。

三、菜单设计

1. 菜单款式

宴会菜单外观上延续中心台面的蓝白色调，以蓝色帆船模型为模具，实现了与主题元素的完美融合。考虑到船形菜单本身的创意和艺术观赏性很强，故在菜单纸张和装饰上尽量简化。菜单纸张采用硫酸纸制作，与蓝色帆船的底色配合，达到朦胧通透的效果。菜单字体颜色和大小适宜，方便宾客观看，同时体现艺术观赏价值。

2. 菜品设计

宴会菜品的设计安排如下：①六道凉菜：秘制牛肉、蜜汁番茄、比翼双飞、金钩豇豆、绣球海蜇、生拌紫甘蓝；②十道热菜：瑶柱花菇炖全鸡、花龙虾刺身、喜巢海鲜宝、清蒸红膏蟹、人参芥蓝炒澳带、龙眼甜烧白、珍菌雪花牛仔粒、青椒美蛙、清蒸东星斑、北菇扒菜心；③两道点心：鸳鸯美点、上汤龙虾粥；④一个果盘：甜蜜留芳。菜品设计综合考虑了以下因素。

一是原材料选择多样化。宴会传承了中餐宴会讲究山珍海味的传统，并结合主题，以海鲜为主原料，配以鸡、牛、猪肉等荤菜，花菇、北菇、金针菇、口菇等珍菌，以及紫甘蓝、龙眼、雪耳等养生食材，提高宴会档次，丰富原材料构成，满足现代人追求营养健康的理念。

二是口味搭配丰富化。宴会以粤式菜品为主，保留海鲜的原汁原味，凸显宴会档次。青椒美蛙、龙眼甜烧白等其他菜系的灵活运用，使得宴会菜品兼具咸、鲜、酸、辣、甜、清爽等口味特点，满足不同宾客的口味需求。

三是烹饪方式综合化。菜品采取生、炖、烩、蒸、炒、烧、扒、卤、拌等多种方式烹制。其中海鲜多采用生、蒸方式制作，以保留其原汁原味。小菜、素菜则采用炒、扒、卤等多种烹饪方式，使菜肴口味质地呈现多样化，适合赴宴的男女老少享用。

四是色泽搭配和菜品造型艺术化。宴会讲究用食材本色进行搭配，展现艺术美感的同时，体现食材的新鲜。例如，红色有蜜汁番茄、清蒸红膏蟹，绿色有金钩豇豆、北菇扒菜心，紫色有生拌紫甘蓝等不同色彩的菜品搭配，使得宴会菜肴既丰富多彩，又不落俗套；既鲜艳悦目，又层次分明。造型上则追求菜肴本身的整体性。例如，保留龙虾整体造型的花龙虾刺身讲究刀功和造型，提高了宴会档次和观赏性。绣球海蜇、卤味鸡翅等具有象征意义菜品的造型搭配，则使得整个宴会更显用心和精美，不仅能增加赴宴者的食欲，还能给人以美的艺术享受。

五是菜品数量和比例的科学化。考虑到宴会大菜原料丰富、分量较多，因此菜品数量不多，但会保持宴会各类菜肴质量的均衡，满足当代人轻数量、重质量的需求特点。同时，追求正菜的丰富和份额，凸显正菜的档次和规格，以达到主次分明的效果。

六是菜品名称和结构的习俗化。宴会粤式菜品较多，故根据粤菜的进餐习惯，按照冷菜、汤菜、正菜、热炒、素菜、主食点心、果盘的结构进行设计。名称上，配合海洋主题和喜宴的特点，采用了海誓山盟、爱与同舟、祝君如意等国人喜欢的吉祥语命名。每个吉祥名与相关菜品搭配，反映了菜肴的特点，也能够烘托喜宴的气氛。

3. 成本控制

为了凸显宴会主题，本菜单设计了较多的海鲜类菜品，成本较高。宴会成本约为1500元/桌，故报价定在3999元/桌，属于中高端的消费水平。其目标客源定位为在生活上注重品质，情感上崇尚浪漫、温馨，且有良好经济收入和较强支付能力的人群。

宴会采用的海鲜均是高中档餐饮的常见原料，方便采购。这些原料符合高星级饭店宾客对口味和品质的追求，设计的菜品符合大众的口味需求，所有菜式也可以单独销售，或用不同的组合方式应用于其他的宴会，实现了菜单的循环利用，不会导致库存负担和材料的浪费。

此外，宴会设计还考虑了食材的充分利用。以花龙虾刺身为例，在刺身制作时选择的是龙虾肉，剩下的龙虾头部分，除了摆盘进行造型点缀之外，还会将其用于上汤龙虾粥的制作。一材两用的做法，为酒店经营节约了成本，也为宾客避免了浪费。

综上所述，一个好的中餐宴会需要从多方面进行综合考虑与设计。主题内涵的创新、装饰物的制作、桌布餐具的色彩搭配、菜单外观设计、菜品搭配及成本控制，每一个细节都关乎宴会设计的成败。这也对宴会设计者的时代感、文化功底、审美能力、创新能力、制作能力等方面均提出了很高的要求。需要设计者耐心琢磨、细心推敲、用心感受，并反复实践，才能设计出有意境并受宾客欢迎的作品。

（资料来源：杨静. 中餐主题宴会设计的实例分析［J］. 旅游纵览（下半月），2015（06）：87-88.）

结合本案例，分析以下问题：

这场宴会的台面设计和菜单设计是如何体现宴会主题的？

项目五　主题宴会设计

任务一　主题宴会设计概述

1. 掌握主题宴会设计的含义。
2. 掌握主题宴会的特征。

1. 能够掌握主题宴会的含义。
2. 能够根据实际情况分析主题宴会的特征。

宴会赏析

中国古典文化宴——红楼梦中人

中国传统文学凝聚了数千年的文明史，体现了中华民族深厚的文化底蕴，形成了百世不朽的文化经典。《红楼梦》是中国长篇小说中的巅峰之作，也是中国历史上非常具有影响力的文学作品。《红楼梦》不仅深受读者的喜爱，更以一部小说而成就一门学问——"红学"。本次宴会设计的主题就是围绕着介绍《红楼梦》这部著作形成的。

为体现《红楼梦》的内涵，在宴会设计整体氛围上，我们用深沉、厚重的基调来衬托中国古典文学的博大精深，在色调上采用黑色为主色，配以金色花纹的布料为桌裙。这两种颜色的完美搭配，给人以古朴厚重之感，整体上又不失辉煌之意。读者对这部小说的解读众说纷纭，每读一遍都会有新的理解，只有黑色才能把这种文化的厚重感体现出来。另外，我们选用纯白色的布料为台布，象征着宝玉和黛玉纯洁美好的爱情。虽然宝玉和黛玉的爱情最后以悲剧结尾，但是在他们心中对纯洁爱情的向往是始终不变的。同时，白色还代表黛玉的高洁品行，她的这种真性情也不会因世俗而改变。

餐具上我们选用白色为主色，配以金色花边的餐盘，从细节处呼应宴会的主题。饰品上选择《红楼梦》这部书中具有代表性的人物模型来做搭配，如金陵十二钗中的史湘云、妙玉、贾元春和王熙凤。此外，我们把金陵十二钗的其他人物形象做成展板，置于模型之间。

为了凸显本次宴会的主题，在菜单的设计上也别出心裁，菜品的名称都选用在《红楼梦》这部书中出现过的菜名。例如，鹅掌鸭信、山药糕、火腿炖肘子、糖蒸酥酪、茄鲞、油盐炒枸杞儿、虾丸鸡皮汤、酒酿清蒸鸭子、奶油松瓤卷酥、绿畦香、椒油莼菜酱、五香大头菜等。这样的菜单设计彰显了《红楼梦》这部不朽的文学作品深厚的文化底蕴，表现出了丰富的饮食文化内涵。

本次宴会主题设计的定位是弘扬中国传统文化。中国传统文化博大精深，流传至今的文化典籍数不胜数，《红楼梦》作为其中的经典之作非常具有代表性。这部流传至今的文化史上的奇书，影响了一代又一代的中国人，并且给读者带来了巨大震撼之感，一部有了生命力的小说，甚至超乎了它的作者所生活的时代，这也就是《红楼梦》的价值所在。

随着物质文化生活的改善，人们对用餐的需求不再局限于吃环境、吃菜品、吃服务，更多希望吃文化、吃内涵（在吃饭的过程中能增长、丰富知识）；个性化需求也越来越突出，希望自己的宴会与众不同、有吸引眼球的亮点、有值得深刻记忆的东西。人们希望通过主题宴会满足自己的需求，婚宴、生日宴、满月宴等都属于主题宴会。主题宴会要求围绕宴会的中心含义，从环境布置、服务员着装、餐台设计、餐具选用、菜单制作等方面进行精心设计。

一、主题宴会的含义

主题宴会是指有一定规格、一定档次、一定目的、用于款待客人的聚餐方式，可分为中餐主题宴会、西餐主题宴会、中西合并主题宴会、生日主题宴会、婚礼主题宴会、升学主题宴会、升职主题宴会等。主题宴会除了提供一般餐饮产品外，往往还有致祝酒词、歌舞助兴、音乐伴餐、礼仪安排等服务内容。

主题宴会的设计应根据宴会主题、地方习俗、时代风尚、地方风格、客源需求、社会热点、时令季节、人文风貌、菜品特色等因素进行设计，然后根据主题收集整理资料，依照主题特色设计菜单，吸引宾客关注并调动进食欲望。

二、主题宴会的特征

主题宴会具有以下典型特征。

（一）群聚性

主题宴会是众人聚餐的一种群聚性餐饮消费方式。在宴会上，不同身份、不同地位的消费者在同一时间、同一地点，享用同样的菜点酒水，接受同样的服务，呈现出典型的欢聚一堂、聚集会餐的热闹气氛。

（二）社交性

不同的宴会有不同的目的和主题，如庆贺特殊节日、为贵宾接风洗尘、庆贺人生大事、祝贺大楼落成等，大到国际交往中的国宴，小到民间举办的家宴都是如此。无论宴会有何种目的或主题，都离不开社交这一出发点。因此，人们把宴会称为电话、书信之外的重要社交工具。在宴会上，人们欢聚一堂，在品味佳肴的同时，叙情、谈事。宴会既是一种礼尚往来的表现形式，也是人们添加了解、加深印象、改善环境、促进业务、增进友谊的手段。

（三）规格化

不管是何种类型的主题宴会，规范化、专业化的服务是不可或缺的。主题宴会不同于家常便饭、大众快餐、零餐点菜，比较讲究进餐环境、菜肴组合及服务礼仪。主题宴会在菜肴组合上均按一定的比例和质量要求，合理搭配、分类配合，整桌席面上的菜点，在色泽、味型、质地、形状、营养以及盛装餐具方面，力求丰富多彩，并因人、因事、因宴会主题及档次科学设定。在主题宴会设计接待礼仪和服务程序上，各个酒店都有自成一体的、严格的规范要求。根据宴会的等级和主题，酒店会对宴会环境进行合理布局，对宴会台面进行巧妙摆设，力图使宴会环境、宴会台面、宴会菜品等与宴会主题相吻合，达到和谐统一，给人以美的享受。

（四）主题鲜明性

主题宴会不是盲目举办的，它的最大特点是具有鲜明的主题，并围绕既定的主题来营造经营气氛，选择菜肴风味、举办场所、灯光音乐、台面造型、服务方式的表现形式和就餐环境的装饰布置等。如红楼宴就从环境设计和服务安排上给人以浓厚的文化氛围，令人仿佛回到了曹雪芹笔下所描写的红楼梦中。从红楼宴的成功可以看出，主题宴会的题材是广泛的，但无论是何种主题宴会，宴会活动的开展必须围绕主题来营造气氛。

（五）丰厚性

主题宴会的高档次、高要求，必然带来高消费、高收益。一般而言，主题宴会的毛利率往往远高于普通宴会，它是酒店餐饮业务中平均每位客人消费额最高的业务之一。经营成功的酒店，丰厚的主题宴会收入及利润往往成为餐饮的主要经营效益。如杭州某酒店推出的18万元的"满汉全席"大宴可谓宴会文化的经典之作，并以其"天价"和豪华的设计而成为当年杭州餐饮界的一大新闻。这家酒店承办这次"满汉全席"高档宴会，既达到了树立企业形象、打造酒店品牌的目的，又获取了丰厚的利润。

◆◆◆ 知识链接 ◆◆◆

主题宴会花台设计

主题宴会花台设计与宴会主题联系紧密，比如大型中式国宴花台可制作为端庄大方、艳丽多彩、体量较大、花材种类多样化、以圆形为主的花台，突出庄严、友好的主题；为青少年举办的生日宴会，应突出其纯真诚挚、前途美好的主题，花台宜活泼、常用盘状容器，以粉色蜡烛点缀，烛光闪闪跳跃于粉色、白色的月季、香石竹组成的弧形面上，其间散布粉色或白色的霞草，边缘以唐菖蒲、蕨叶衬托，展示朝气蓬勃的气氛。

花台应与主题宴会餐台设计风格相吻合，主题宴会台面造型的风格多种多样，多分为中式台面造型设计、西式台面造型设计和日式台面造型设计三大类，插花的风格也有东方与西方之别、现代与传统之分。主题宴会中应采用与餐台造型设计风格相同的花台造型。

花台应不遮挡宾客视线，主题宴会花台造型设计时，花台的总体高度不要超过

25cm（高杆特殊型花台除外）。花台过高会影响用餐者的视线，也不利于用餐者交流感情。

花台设计与摆放应讲究卫生。由于主题宴会餐台上主要供给的是食品和饮品，直接关系到进餐者的健康，因此插花的器皿、花泥、鲜花、浇花水的选择及操作卫生应予以充分注意，防止污染食品。

花台不能掩盖餐饮品，餐饮品是宴会经营企业中的核心产品，因此，主题宴会台面造型中的花台不能过分渲染，以避免影响和掩盖核心产品，造成喧宾夺主的情形；此外，花材不宜香味过浓，避免干扰和破坏餐饮品的香味。

任务二　主题宴会设计方法

1. 掌握主题宴会设计的思路。
2. 掌握主题宴会的台面设计。
3. 掌握主题宴会的服务与菜单设计。

1. 能够描述什么是主题宴会设计。
2. 能够根据实际情况设计主题宴会。

宴会赏析

中华茶宴

一、宴会主题

中国是茶的故乡，是发现和利用茶叶最早的国家。世界各地的种茶、饮茶都是直接或间接从中国传入的。茶叶从药用、食用，到成为广受人们喜爱的饮品，皆有赖于中国人的发明创造，这是对人类的一大贡献。"中华茶宴"是以茶为主题的宴会，以一桌富有特色的茶宴，带领大家品茶水，闻茶香，吃茶菜，悟茶意。

二、宴会设计理念

自古以来，中国人就把茶叶当作益寿保健之物，中医更视茶如药。茶的防治疾病的功效在历代的医学、茶学文献中均有记载。唐代陆羽所著的《茶经》对茶的功效应用、制作过程、饮用方法有详尽的记载；陈藏器撰写的《本草拾遗》中称"茶为万病之药"。中国人的饮茶智慧不仅表现在将茶叶加工成不同的种类，还表现在将茶与食物完美结合，制成美味的茶膳，取茶之清香，融入各种食材之中，为菜肴锦上添花，如茶香豆腐、碧螺春烧鸡等。

三、价格及成本

该主题宴会适宜8人参加，成本约为622.9元，销售毛利率为47.56%，最终售价是1188元。该主题宴会菜品分量适宜、价格合理，既符合传统的聚餐形式，又满足现代人们卫生、安全的饮食需求。

四、菜品组合及上菜顺序（菜单）

1.冷拼

青枝绿叶（花式冷拼），该花式拼盘将冷拼做成食用及观赏性俱佳的艺术冷拼，通过精湛的刀工，将简单的食物做成一副绿色的画卷，富有春天的气息。通过果醋与茶水腌制的黄瓜，打开宾客的胃口。

2.汤

水调歌头（茶籽炖鸽），茶籽有抗氧化的能力，能够降血压、降血脂和抑制动脉硬化，加上性温补气的鸽子，还有壮体补肾、生机活力等功效。汤清味美，带有淡淡的茶籽香味，是一道不俗的汤品。

3.热菜

（1）姹紫嫣红（田园小炒），选用木耳、莲藕、胡萝卜、荷兰豆四种颜色的蔬菜，加入绿茶炒制而成，颜色丰富，让人感受到夏天已经来到。味型鲜爽，造型清淡素雅，符合新式粤菜口味，低油低盐，在享受美味的同时不会给肠胃带来负担。

（2）玉润珠圆（茶汤墨丸），菜品选用新鲜墨鱼和猪肥肉配制而成。墨鱼丸色泽洁白，富有弹性，入口爽脆，味道鲜美，宴会菜和家常菜均适用，浇上特制的茶汤，更令人食欲大增。

（3）兰花茭白（茭白豆干），选用兰花茶、新鲜茭白、白豆腐干等炒制而成。此菜为江南土菜，色泽素洁，茶芽、茭白及白豆腐干入口，齿颊留香。

（4）食必方丈（茶香大排），排骨除含蛋白、脂肪、维生素外，还含有大量磷酸钙、骨胶原、骨粘蛋白等，可为幼儿和老人提供钙质。普洱茶含有多种维生素，含有4%~7%的无机物，多数能溶于水而被人体吸收，其中，以钾、磷为多。

（5）绿草如茵（炒四季豆），四季豆做法简单普通，但选材过程十分精细，要选择色泽碧绿、形状饱满、大小一致的四季豆，而且一定要经过沸水煮熟，再进行清炒。经过清炒的四季豆色泽发绿，表皮发皱，加上枸杞点缀，是一道兼具美感和味感的菜肴。

（6）雁素鱼笺（鳝鱼茶煲），鳝鱼选用圆肥丰满、肉嫩鲜美的新鲜黄鳝，配以茶汤、土豆炖煮而成。鳝鱼性温、味甘，有补气养血、滋补肝肾、降低血糖和调节血糖的功效。茶的茶多酚有助于抑制心血管疾病。鳝片酥软，土豆块绵润，均有浓郁茶香扑鼻，口感极佳，是集营养与美味于一体的菜肴。

（7）黄卷青灯（豆腐笋卷），豆腐由厨师自己制作，没有点卤或者放其他的添加剂，天然健康，加上由莴笋制成的"青灯"，更富造型感，给人一种青灯古寺的感觉，是一道禅意茶菜。

（8）鸿鹄凤立（茶香烤鸡），以嫩土鸡和乌龙茶为主要食材制作而成，烤好的土鸡色泽红火悦目，皮脂爽脆焦香，肉质更是带着烟熏味和茶叶的清香，别具风味。

4.点心

（1）镜圆璧合（茶花麻饼），选用上等雨花茶、面粉、白糖、芝麻、酵母、植物油等制成，香甜可口，独具风味，有茶香、芝麻香，松软酥口，老少皆宜。

（2）脱白挂绿（鸳鸯茶冻），选用抹茶粉、牛奶、鱼胶粉、鲜奶油、白砂糖制成，双味搭配，让人耳目一新。茶冻有较浓的牛奶茶香味，营养丰富，含有牛奶中多样的营养，是严酷盛夏中一款带来清凉的美味甜点，口感顺滑，香甜可口。

五、整体观感

该主题宴会紧紧围绕"茶香韵味"的主题特色，色彩丰富、造型独特，荤素搭配合理，整体和谐、清新自然而有创意，具有深厚的茶文化底蕴，在饮食上返璞归真、注重天然。菜单讲究宴会艺术性和科学性，具有深厚的特色，突出烹饪工艺、审美意识和文化传承，满足现代健康饮食需求。

一、主题宴会的设计分析

（一）强调主题的单一性与个性化

主题宴会的明显特点就是主题的单一性，一个宴会只有一个主题，只突出一种文化特色。设计一个主题宴会时，要求主题个性鲜明，与众不同，形成自己独特的风格。其差异性越大，就越有优势。主题宴会的个性化可体现在多方面，如产品、服务、环境、服饰、设施、宣传、营销等，只要有特色，就能吸引消费者关注。

（二）切忌空洞、名不符实

近年来，全国各地涌现了不少主题宴会，其风格多种多样，有原料宴、季节宴、古典宴、风景宴等。但许多主题宴会设计的菜品给人牵强附会之感，重形式轻市场，华而不实，令人难以食用，也不敢食用，违背了烹饪的基本规律。另外，在主题宴会的菜品设计上，许多企业对菜品本身的开发不重视，一味地注重菜名的修饰、装扮、奇巧，或者菜品的名称晦涩，让人看不懂、搞不明，削弱和违背了菜肴应有的价值。

二、主题宴会设计的思路

（一）从文化的角度加深主题宴会的内涵

餐饮经营不仅是一个商业性的经济活动，而且始终贯穿着文化的特性。每一个主题宴会，都具有其文化内涵，如地方特色主题宴会包含了不同的地域文化和民俗特色。主题宴会的设计如果仅是粗浅地"玩特色"，是不可能收到理想效果的。在确定宴会主题后，策划者要围绕主题挖掘文化内涵，寻找主题特色，设计文化方案，制作文化产品和服务，这是最重要、最具体、最花精力的环节。

（二）宴会菜单设计紧扣主题文化

（1）菜单的核心内容，即菜式品种的特色、品质必须反映主题文化的饮食内涵和特征，这是主题菜单的根本，否则菜单就没有鲜明的主题特色。

（2）菜单、菜名及烹饪技术应围绕主题文化展开。可根据不同的主题确定不同风格的菜单，应考虑整个菜单的文化性、主题性，使每一道菜都围绕主题，使整个主题宴会气氛和谐、热烈，令人产生美好的联想。设计主题菜单时应考虑主题文化的差异性，突出个性，使菜单具有特有的风格。菜单越独特，就越吸引人，越能产生营销效果。

（3）菜单的设计应考虑当地习俗。我国是一个多民族的国家，每个民族均有自己独特的风俗习惯和饮食禁忌。在设计宴会菜单的时候，应先了解宾客的民族、宗教、职业、喜好和忌讳，灵活搭配出宾客满意的菜单，如传统的清真婚宴八大碗、十大碗中的菜品通常以牛、羊肉为主，讲究一点的配上土鸡、土鸭、鱼等菜肴。

三、主题宴会设计的阶段

（一）设计策划阶段

主题宴会设计策划阶段是指受理预定后，举办宴会前，根据有关信息资料和宴会规格要求，编制出主题突出、科学合理、令宾客满意的宴会活动设计。主题宴会设计策划的具体内容包括宴会厅环境与气氛策划、宴会服务策划、宴会主持策划和宴会菜单搭配。

（二）设计执行阶段

主题宴会设计执行的具体内容包括宴会场地布置、人员分工、物品准备（餐桌装饰、背景装饰、洗手间、休息区、门口等区域）、背景音乐、宴会主持准备、餐前检查和准备。

四、主题宴会的环境设计

主题宴会的环境设计依据宴会的主题、标准、性质、宾客要求和宴会厅的装饰风格来进行设计和装饰布置。主题宴会的环境设计应体现以下原则。

（1）体现经营理念，即"您的需求，我的责任"。

（2）与宴会主题协调一致。

（3）以文化为载体。

五、主题宴会的台面设计

成功的主题宴会台面设计就像一件艺术品，令人赏心悦目，能够给参加宴会的宾客创造隆重、热烈、和谐、欢快的气氛。

（一）按主题宴会餐饮方式

中式主题宴会台面：圆桌、中式餐具；西式主题宴会台面：方形或长方形桌、西餐餐具（金属餐叉）、银制烛台等；中西合璧式主题宴会台面：中餐的骨碟、汤碗、筷子，西式的餐刀、餐叉及各种酒具。

（二）主题宴会台面用途

餐台也叫食台，用于摆放餐饮产品；看台可根据主题宴会的主题、性质、内容，用小件餐具、小件物品、装饰物等摆设成各种图案，供宾客在就餐前观赏，多用于民间宴会和风味宴会；花台是用鲜花、绢花、花篮及工艺美术品和雕刻品点缀构成各种新颖、别致、得体的主题宴会台面。

（三）主题宴会的台面设计

主题宴会台面设计步骤如下。
（1）根据宴会目的确定主题，如回家。
（2）根据主题宴会台面寓意命名，如黄河文化宴。
（3）根据宴会、主题场地规划台形。
（4）根据宴会的主题设计台面造型，包括台布、桌裙、餐具、餐巾折花、菜单、花台、桌号、餐垫、餐椅。

（四）主题宴会台面风格及适用类型

主题宴会台面用途及适用类型如表 5-1 所示。

表5-1　主题宴会台面用途及适用类型

主题宴会	台面风格	适用类型
仿古宴	仿古代名宴的餐、酒具，台面布局、场景布置，礼仪规格高	红楼宴、宋宴、满汉全席、孔府宴
风味宴	具有鲜明的民族餐饮文化特色和地方饮食色彩	火锅宴、烧烤宴、清真宴、海鲜宴、斋宴、民族宴
正式宴会	主题鲜明，目的明确，气氛庄重高雅，接待礼仪严格	国宴、公务宴、商务宴、会议宴
亲（友）情宴	主题丰富，目的单一，气氛祥和热烈，突出个性	毕业宴请、家庭便宴
节日宴	传统节日气氛浓重，注重节日习俗	元旦、春节、元宵节、国庆节、中秋节、儿童节、重阳节等节日宴会
休闲宴	主题休闲，气氛雅静舒适	茶宴
保健养生宴	倡导健康饮食主题，就餐的环境、设施与台面设计有利于客人的健康需要	食补药膳宴、美容宴
会展宴	宴会的台面设计与会展主题相符，就餐形式多种多样	各种大型会展主题宴会、冷餐会、鸡尾酒会

六、主题宴会的服务设计与菜单设计

（一）主题宴会的服务设计

主题宴会作为高规格的就餐形式，注重宴会礼仪程序。因此，在主题宴会服务中，服务程序的正确与否，服务质量的好与坏，会对整个主题宴会的实施效果产生影响。

（二）主题宴会的菜单设计

主题宴会的菜单设计需要注意以下内容。
（1）充分了解宾客的组成情况以及对主题宴会的需求。
（2）根据接待标准，确定菜肴的结构比例。
（3）结合客人对饮食文化的特殊喜好，拟定菜单品种。
（4）根据菜单品种确定加工规格和装盘形式。
（5）根据宴会主题拟定菜单样式，进行菜单装饰策划（卷轴、扇子、竹简等）。

（三）酒水设计

（1）根据客人预订情况准备酒水。
（2）酒水的档次应与主题宴会的档次、规模、寓意协调统一。
（3）中餐宴会用中国酒（外宾可提供其当地的酒）。
（4）季节影响；夏秋季配啤酒，冬春季配白酒。

◆◆◆ 知识链接 ◆◆◆

主题宴会菜单的设计是一项复杂的工作，也是宴会活动中关键的一环。一套完美的宴会菜单应由厨师长、采购员、宴会厅主管和宴会预订员（代表宾客）共同设计完成。厨师长熟知厨房的烹饪能力，设计出的菜品能保质保量生产加工，还能发挥专长体现酒店特色；采购员了解市场上原材料的行情，能降低菜品的原材料成本，增加主题宴会的利润；宴会厅主管能根据宴会厅接待能力来指导菜单设计；宴会预订员熟知宾客的需求，能够使赴宴者称心如意，设计出令顾客满意、酒店获利的菜单。主题宴会菜单的设计通常包括菜名设计、菜品设计和装帧设计。通过好的菜名，应能让一些简单的菜品成为一种思想情感交流的工具，一种文化与艺术的载体，使这些普通的菜品具有良好的审美价值和交际功能，如婚宴菜单中的花好月圆、鸳鸯戏水、鸟语花香等。

💡 案例分析

"我心永恒"主题宴会

"我心永恒"主题宴会的下层桌布采用白色，上层用蓝色，桌布上印有起伏的波浪，制造出海洋的梦幻感觉。台面使用白色的口布，摆放精致的烛台和蜡烛，精美的波浪瓷用餐碟搭配晶莹剔透的水晶杯，盛放香醇的红酒，中央装饰物以粉色而富有遐想的玫瑰花点缀在一艘"泰坦尼克号"模型中央，以 Jack 和 Rose 的经典画面突出婚姻的永恒。台面整体简约大方，充满浪漫的气氛。这个婚宴设计打破惯例，采用蓝白搭配代替粉红或大红，令人耳目一新，联想到"泰坦尼克号"的电影场景，用婚姻来诠释爱的永恒。

"我心永恒"主题宴会采用十人桌，这是一款标准的中餐摆台。餐桌展示出中餐摆台的基本标准，并承载着"泰坦尼克号"的主题——永恒的爱。高立的孔雀口巾造型花高于其他口巾花，把主人的座位置于最明显的位置，传达着主与次的信息，并显示主人的尊贵。副主人的口巾花选用漂亮的蝴蝶，其余宾客口巾花选用多款花型，给予宾客以花色纷呈的感觉。尊贵的主宾紧邻主人的右侧，副主宾紧挨主人的左侧，副主人陪在主人的正对面。"我心永恒"主题宴会选用镁质强化瓷用于餐具，强化瓷餐具细白如玉、质高玉洁、丽而不骄、贵而不奢，表现出冷静大方、尊贵高雅的特质。筷套在这里不仅清洁卫生，还能构成不同色彩和图案，点缀和烘托台面主题和氛围。

酒杯选用晶亮剔透的玻璃制品，不同大小和款型暗示着不同酒杯的不同用途，供客人根据需要选用。两副公用筷架分别置放在正、副主人的正前方，筷架上放有公用筷子和勺子，便于主人敬菜。置放公用筷子和勺子，象征宾主间的友情，并带给宾客用餐时美好的视觉环境。洁白的椅套，系上梦幻海洋一样的蓝色纱巾，蓝花图案勾勒出桌群、味碟的花边，仿佛在娓娓道来真爱永恒的故事。

结合本案例，分析以下问题：

主题宴会的台面设计应考虑哪些要素？

项目六　中餐宴会服务

任务一　中餐宴会服务特点

1. 掌握中餐宴会的含义。
2. 掌握中餐宴会的特点。

1. 能够掌握中餐宴会的承接与准备工作。
2. 能够掌握中餐宴会的礼仪。

宴会赏析

中餐宴会礼仪

　　中餐宴会礼仪博大精深、源远流长。据文献记载，周代便已形成一套相当完善的宴会礼仪制度。宴会礼仪蕴含的文化很广，是历朝历代表现大国之貌、礼仪之邦、文明之所的重要方面。

　　传统的宴会礼仪自有一套程序。主人折柬相邀，临时迎客于门外。宾客到时，互致问候，引入客厅小坐，敬以茶点。客齐后导客入席，以左为上，视为首席，相对首座为二座，首座之下为三座，二座之下为四座。客人坐定，由主人敬酒让菜，客人以礼相谢。席间斟酒上菜也有一定的讲究，应先敬长者和主宾，最后才是主人。宴饮结束，引导客人入客厅小坐，上茶，直到辞别。这种传统宴会礼仪在我国大部分地区保留完整，如山东，这在许多影视作品中都有体现。

　　清代受西餐传入的影响，一些西餐礼仪也被引进，如分菜、上汤、进酒方式被引入中餐礼仪中。中西餐文化的交流，使得餐饮礼仪更加多元。现代较为流行的中餐宴会礼仪是在传承与融合的基础上发展而来的。其座次借鉴西方宴会以右为上的法则，第一主宾就座于主人右侧，第二主宾在主人左侧或第一主宾右侧，变通处理，斟酒上菜由宾客右侧进行，先主宾，后主人，先女宾，后男宾。酒斟八分，不可过满。上菜顺序依然保持传统，先冷后热。热菜应从主宾对面席位的左侧上，上单份菜或配菜席点和小吃先宾后主，上全鸡、全鸭、全鱼等整形菜，不能头尾朝向正主位。

宴会礼仪不仅可以使整个宴会过程和谐有序、圆满周全，更使主客身份得以体现，方便交流感情，使主客双方的修养得到全面展示。

一、中餐宴会的含义

中餐宴会是指菜点、饮品以中式菜品和中国酒水为主，使用中国餐具，并按中式服务程序和礼仪服务的宴会。中餐宴会反映了中华民族传统文化的特质，就餐环境与气氛突显浓郁的民族特色，是我国目前最为常见的宴会类型。除正式的招待宴会外，婚宴、寿宴等也多采用中餐宴会的形式。

二、中餐宴会的特点

（一）交际性

中餐宴会适应面广，既适用于礼遇规格高、接待隆重的高层次接待，又适用于一般的家庭聚会。

（二）聚餐性

中餐宴会是一种重要的交际形式，讲究规格和气氛。菜品以中餐传统菜肴为主，同时兼顾地方风味，酒水质量要求高。宴会中的餐具用品、就餐环境、台面设计、就餐氛围、附属设施等，都能反映中华民族传统饮食文化特质。

（三）规格化

中餐宴会接待隆重，服务程序和礼仪都较复杂，突出中国特色，因此对服务人员和菜品生产加工人员的素质要求较高。一次较正式的中餐宴会，除近 10 种冷菜外，还有 6~8 种热菜，加上点心甜食和水果，菜品显得十分丰富。

三、中餐宴会的承接

中餐宴会的承接应首先由宴会部主管或营销部工作人员受理宴会预订，然后由餐饮部经理批准执行。一经确定，应及时签订宴请合同，并通知宴会部做好前厅的筹备工作。

（一）受理宴会预订

受理中餐宴会预订时，需要掌握与宴会有关的以下内容。

（1）八知：知主人身份或主办单位，知宴会标准，知开餐时间，知菜式品种，知宴客国籍，知邀请对象，知烟、糖、酒、饮，知结账方式。

（2）三了解：了解宾客风俗习惯、了解宾客生活忌讳、了解宾客特殊需求。如果是外宾，还应了解国籍、宗教、信仰、喜好和禁忌。

（3）签订宴会合同，填写宴会预订单，收宴会预订金或抵押支票，并由双方签字生效。

（4）通知宴会部做准备工作，将客人预订宴会的详细情况以书面形式通知宴会服务部门或人员。

（二）宴会联络与准备

（1）正式举办宴会前，厨房部、宴会厅、酒水部、采购部、工程部、保安部等各有关部门密切配合、通力合作，共同做好宴会准备工作。在准备阶段，应首先召开全体工作人员会议，传达信息，要求每位服务人员都要做到"八知""三了解"。

（2）明确分工。规模较大的中餐宴会，要确定总指挥人员，在准备阶段，要向服务人员交代任务，讲明意义，提清要求，宣布人员分工和服务注意事项。在人员分工方面，要根据宴会要求，对迎宾、值台、传菜、酒水及贵宾室服务等岗位，将责任落实到个人，要求所有服务人员从思想上重视自己的工作职责，工作严谨，服务热情、主动、细致、礼貌、周全，气氛热烈，保证宴会顺利进行。

（3）服务员按餐厅要求着装，按时到岗。

（4）按餐厅要求打扫卫生，各类设施、装饰摆放位置规范，器皿齐全，四周墙壁、桌椅无灰尘。

四、中餐宴会的准备工作

（一）了解掌握情况

接到宴会通知单后，餐厅管理人员和服务员应明确宴会日期及开餐时间，确认台数、人数、标准、菜式品种及出菜顺序、主办单位或房号、收费办法和邀请对象；应了解客人风俗习惯、生活忌讳和特殊需要，如有外国客人，还应了解国籍、宗教、信仰、禁忌和口味特点；还应掌握宴会的目的、性质、正式名称，以及客人的性别，有无席卡，主办者有无特别的要求，有无司机费用或其他附加费用等。

（二）宴会厅的布置

在开餐前一定时间内开始进行宴会前的组织准备工作，各大酒店对这段时间的长短有不同规定，还要依据宴会的规模、档次，以及宴会厅布置的烦琐程度来调整，一般宴会厅场景在开餐前 4 小时开始布置，台形在开餐前 2 小时开始布置，筹备工作从开餐前 8 小时便开始准备。

1. 环境布置

中餐宴会厅的环境应根据宴会的性质、规格和标准进行布置，要体现出隆重、热烈、美观、大方的风格，表现我国传统文化。举行隆重的大型中餐宴会时，一般在宴会厅周围摆放盆景花草，在主席台后面用花坛、画屏、大型青枝翠树盆景装饰。主席台上可悬放会标，用于表明宴会性质，增加热烈喜庆、隆重盛大的气氛。

2. 台形布置

台形布置要根据宴会厅的形状、实际面积、主办者的要求，在布置中要做到突出主桌或主宾席。一般主桌安排在主席台下正中的显要位置。管理人员要根据宴会前掌握的情况，按宴会厅的面积、形状及宴会要求，设计餐桌排列图，研究具体措施和注意事项，设计时要按宴会台型布置的原则，即"中心第一，先左后右，高近低远"的原则来设计。在布置过程中做到餐桌摆放整齐、横竖成行、斜对成线，既要突出主台，又要排列整齐、间距适当，既要方便就餐，又要便于服务人员席间操作。中餐宴会通常每桌占地面积 $10\sim12m^2$，桌与桌之间距离不小于 2m，重大宴会的主通道要更加宽敞一些，同时铺上红地毯，突出主通道。

3. 熟悉菜单

服务人员应熟悉菜单，能准确地说出每道菜的名称、风味特色、配菜、佐料以及制作方法，并能熟练进行特殊菜肴的服务。服务人员应熟悉宴会菜单和主要菜品的风味特色，以做好上菜、派菜和回答宾客对菜品提出询问的准备，同时，应了解每道菜的服务程序，保证准确无误地进行上菜服务。对于菜单，服务人员应能准确说出每道菜的名称，能准确描述每道菜的风味特色，能准确讲出每道菜的配菜和配食佐料，能准确知道每道菜肴的制作方法，以便随时为宾客讲解。

4. 物品的准备

在布置宴会厅时，应根据宴会规格准备好宴会摆台的一切物品，如餐碟、味碟、汤碗、小瓷汤匙、筷架、筷子、水杯、红酒杯、白酒杯、台布、餐巾、小毛巾、烟缸、牙签筒、席卡、菜单，以及酒水饮料、烟、茶、水果、鲜花等。

5. 合理分工

在布置宴会厅时，应根据工作内容制订服务人员的密切分工及交叉合作计划，简单召开餐前小会，传达接待的具体事项及任务分配。例如，斟酒、上菜、菜肴质量把控、上菜顺序及时间把控、餐具更换、餐中细节关注、巡台、整体把控及特殊情况处理等，都需要服务人员的分工及配合。

6. 铺设餐台

宴会开始前 1 小时，按宴会摆台的要求铺好台布，放好转台，摆好餐具、用具、公用餐具和烟缸、牙签筒（或袋装牙签）、菜单、席卡和座卡，折好餐巾花插入水杯中。同时将宴会使用的各种酒水饮料整齐地摆在服务桌上，将干净小毛巾撒上香水叠好，将茶碗、茶壶及开水准备好，将各类开餐用具摆放在规定的位置。

7. 摆设冷盘

大型中餐宴会开始前 15 分钟左右会摆上冷盘，斟预备酒。预备酒一般选用白酒，以示庄重，葡萄酒、啤酒、饮料等也不适合预先斟倒，斟倒预备酒的意义是宾主落座后可以致辞、干杯，这杯酒如果不预先斟好，宾客落座后再斟，会显得手忙脚乱。

摆设冷盘时，前面也讲过要根据菜品的品种和数量，注意菜点色调分布、荤素搭配、菜型设计、刀法技巧、菜盘间距等，使摆台不仅为宾客提供一个舒适的就餐地点和一套必需的进餐工具，而且能给宾客以赏心悦目的艺术享受，为宴会增添隆重又欢快的气氛。准备工作全部就绪后，宴会管理人员要做一次全面的检查，从台面服务、传菜人员分派是否合理，到餐具、饮料、酒水、水果是否备齐；从摆台是否符合规格，到各种用具及调料是否备齐并略有盈余；从宴会厅的清洁卫生是否良好，到餐酒具的消毒是否符合卫生标准；从服务员的个人卫生、仪表装束是否整洁，到照明、空调、音响等系统功能是否正常工作等，都要一一仔细地检查，做到有备无患，保证宴会按时保质举行。

五、中餐宴会的礼仪

中餐宴会是一种比较重要的交往方式。一般情况下，人们举办宴会和参加宴会不仅是为了满足口腹之欲，而且多具有交际的目的。因此，无论举办或参加何种宴会，都应该讲究和遵循宴会礼仪。

（一）宴会前的准备

不同地方的宴会有不同的礼仪规范。越正式、越高级的宴会，礼仪规范越严格。要做到宴会合乎规范，宾主同乐，就必须对各种宴会礼仪有一定了解。

1. 应邀讲礼仪

接到宴会邀请，尽早答复。无论是否能出席，都应迅速答复，以便主人做出各项安排。在接受邀请之后，不要随意变动，万一遇到特殊情况不能出席，尤其是主宾，应尽早向主人解释、道歉，甚至亲自登门表示歉意。应邀出席一项宴会活动之前，要核实宴请的主人，活动举办的时间地点，是否邀请了配偶，以及主人对服装的要求。受邀宴会多时尤其应注意各邀请函的细节，以免走错地方，或主人未请配偶却携配偶出席。

2. 尊重宴会，修饰打扮

出席宴会前，应梳洗打扮一番，使自己看起来精神饱满，容光焕发。女士要适当化妆，男士要梳理头发并剃须。衣着要求整洁、大方、美观，仪容、仪表打扮符合宴会场合的要求。国外宴请非常讲究服饰，往往根据宴会的正式程度，在请柬上注明着装要求。中餐宴会虽然没有具体要求，但应邀者也应该穿一套合体、合时的整洁服装，精神饱满地赴宴，这将给宴会增添隆重、热烈的气氛。

3. 备礼

受邀者可按宴会的性质和当地的习惯以及主客双方的关系，准备赠送的花篮或花束。参加家庭宴会，可给女主人准备一束鲜花但赠花时要注意对方的禁忌，也可以准备一定的礼品，在宴会开始前送给主人。礼品价值不一定很高，但要有意义。

（二）宴会中的礼仪

1. 按时出席宴会

出席宴会活动，抵达时间的迟早、逗留时间的长短，在一定程度上反映对主人的尊重。

抵达过早或过迟、逗留时间过短，不仅是对主人的失礼，也有损自己的形象。按时出席宴会是最基本的礼貌。一般来说，出席中餐宴会可以正点或在约定时间的前后两三分钟抵达，身份高者可略晚些到达，一般客人宜略早些到达，可以和主人以及其他客人应酬。万一有特殊原因不能按时到达，应及时通知主人并致歉。一般情况下，中餐宴会开席延误 5~10 分钟是允许的，但最多不能超过 30 分钟，否则会冲淡宾客的兴致，影响宴会的气氛。

2. 向主人表示谢意和问候，赠礼

抵达宴会地点后，应先到衣帽间脱下大衣和帽子，然后前往主人迎宾处，主动向主人问好，并对在场的其他人微笑点头致意。如是节庆活动，应表示祝贺。同时，将事先备好的礼物双手赠送给主人。

3. 礼貌入座显风范

入座应听从主人安排，不可随意乱坐。进入宴会厅之前，先了解自己的座位。入座时注意桌上的座位卡上是否写着自己的名字，不要坐错座位。如邻座是年长者或妇女，应主动协助他们先坐下。坐下时，切记要用手把椅子拉后一些再坐下，如果用脚把椅子推开，会显得粗鲁。注意要坐得端正，双腿靠拢，两脚平放在地上，不宜将大腿交叠。双手不可放在邻座的椅背或桌上。开宴之前，可与邻座交谈，不要摆弄碗筷、左顾右盼。

4. 文明进餐讲礼仪

致祝酒词完毕，经主人招呼后，即可开始进餐。就餐时应面带愉快的表情，心事重重的神态、漫不经心的样子是对主人和其他宾客的不礼貌。即使菜不对口味，也应吃一些，而不能皱眉拒绝，这是对主人的不尊重。用餐时要讲究文明，席间不要吸烟，除非男主人吸烟并为宾客递烟，一般在宴会未基本结束前吸烟是失礼的，尤其是女士在场时。喝酒要有节制，不要失态。席间，不可随便宽衣，当众解开纽扣、脱下衣服是不礼貌的。用餐过程中，一般不可随便离席。如果咳嗽、吐痰、有刺卡住、需要将口中食物吐出来，应暂时离席，否则是不礼貌的。离席时动作要轻，不要惊扰他人，更不要把座椅、餐具等物品碰倒。此外，还要讲究具体进餐举止的文雅、礼貌。

5. 交谈祝酒礼相随

无论是作为主人、陪客或宾客，都应与同桌的人交谈，特别是左右邻座。不要只同几个熟人或只同一两人说话。邻座如不相识，可先自我介绍。进餐时要注意讲话分寸，要谈一些大家感兴趣的事情，不可夸夸其谈，最好不谈有关工作、政治和健康的话题。在与女士谈话时，一般不询问年龄、婚否等问题，但也不要议论女士的胖瘦、身型等，与较陌生的男士谈话时不要直接询问对方的经历、工资收入、家庭财产、衣饰价格等私人生活方面的问题。主人向客人敬酒时，客人应起立回敬。当主人给客人斟酒时，即使有酒量也要谦让一下，不要饮酒过量，导致酒后失态；若不善饮酒，可向主人说明，或喝一小口，表示对主人的敬意。无论主人还是客人，都不应强劝别人喝酒。饮酒以及喝其他饮料时，要把嘴擦干净，以免食物残渣留在杯沿，十分不雅。饮酒时，倒八分满，慢斟细酌，不要"咕嘟咕嘟"直往下灌。宴会上相互敬酒表示友好，活跃气氛，但切忌喝酒过量，否则容易失言，甚至失态，因此饮酒量必须控制在本人酒量的 1/3 以内。

6.告辞致谢礼不忘

主人宣布宴会结束后，客人才能离席。客人应向主人道谢、告别，感谢主人的热情款待，如"谢谢您的款待""您真是太好客了""菜肴丰盛极了"，并要与其他认识的客人道别。如果客人有事要提前离席，则应向主人及同桌的客人致歉。有时在出席私人宴请活动之后，往往致便函或名片以表示感谢。

（三）用餐时的礼节

我们可能有这样的经历：宴会就餐时，对面的人自在地享受着食物撞击口腔的快感，而我们却在其阵阵"吧唧"声中倒足胃口。人们对吃喝的理解早已上升为一种交流方式，讲究文明的餐桌礼仪不仅是让自己或者让别人吃饱、吃好，而且是自律、懂礼的个人素养的体现。无论是在公众场合还是在自己家中，都应时刻注意自己的用餐礼仪，这是对自己文明形象的一种严格要求。

1.就餐的一般要求

餐桌上有许多应注意的礼仪，如就座和离席时，应等长者坐定后，方可入座。席上如有女士，应等女士入座后，男士方可入座。用餐后，应等男、女主人离席后，其他宾客方可离席。就餐时坐姿要端正，与餐桌保持适当的距离。离席时，应帮助旁边的长者或女士拉开座椅。

2.注意餐巾的正确用法

主人示意用餐开始后，将餐巾打开或对折平摊在自己的腿上，切勿把餐巾系在腰带上或挂在西装领口。用餐过程中如需离开时，要将餐巾放在椅子上，用餐完毕才可将餐巾放在桌面上。餐巾的基本用途是保洁，防止弄脏衣服，也可以用于擦嘴角及手上的油渍。切忌用餐巾擦拭餐具、皮鞋、眼镜、鼻涕、汗渍等。

3.餐桌上的一般礼仪

（1）入座后坐姿端正，不可旁若无人，不可眼睛直盯着盘中菜肴，显出迫不及待的样子，也不可用手玩弄餐具等。一般是在主人示意开始时，客人才可开始用餐，不能别人还未动手，自己已经吃上了。

（2）取菜时，不要盛得过多。盘中食物吃完后，如不够，可以再取。如由服务员分菜，需增添时，待服务员送上时再取。主人夹菜时，不要拒绝，可取少量放在盘内，并表示感谢，对不合口味的菜，勿显露出难堪的表情。

（3）注意吃相要温文尔雅，从容安静，必须小口进食，不要大口猛塞，食物未咽下时，不能再塞食物入口；闭嘴咀嚼，不要发出咀嚼声；如果汤、菜太热，不要用嘴吹，应等稍凉后再吃；喝汤时，不要发出声音；口内有食物，应避免说话。

（4）自己手持刀叉或他人在咀嚼食物时，应避免跟人说话或敬酒；喝酒宜随意，敬酒以礼到为止，不要过度劝对方饮酒，切忌对酒、猜拳、吆喝；就餐过程中不宜抽烟，如需抽烟，必须征得邻座的同意；鱼刺、骨头轻轻吐在自己面前的小盘里，必要时请服务人员撤换，不能吐在桌子上。

（5）小的鱼刺可用手接住，放在自己的小盘内；切忌用手指剔牙，应用牙签，并以手或餐巾遮掩；用餐完毕，餐具务必摆放整齐，不可乱放；餐巾应折叠好，放在桌上；不要两眼盯着菜品只顾自己吃，要照顾别的客人，相互谦让；送食物入口时，两肘应向内靠，不要向两旁张开，避免碰及邻座；取菜舀汤时，应使用公筷公匙。

（6）如欲取用摆在同桌其他客人面前的调味品，应请邻座客人帮忙传递，不可伸手横越，长驱取物；与邻座交谈时，切忌一边嚼食物，一边与人含含糊糊地说话；在餐桌上，手势、动作幅度不宜过大，更不能用餐具指点别人；使用餐具时，动作要轻，不要相互碰撞；不要做伸腰、打哈欠等动作，不能毫无控制地打饱嗝；若要咳嗽、打喷嚏，将头转向一边，用手帕捂住口鼻；不能在餐桌上打电话，接打电话要离开餐桌。

◆◆◆ 知识链接 ◆◆◆

餐后服务案例——罚款的艺术

某餐厅服务员正在为一批客人服务。酒至半酣，客人吴先生见餐桌上的银质餐具非常精美，顺手拿起一把银匙塞进自己西装内侧的衣兜里。服务员看到后没有揭露客人，而是在宴会快结束时，手拿一套精致的带有饭店店徽的餐具递给吴先生："先生，您好。听说您非常喜欢我店的银餐具，我们经理很高兴，送给您一套，已经在您的账单上记下了。"客人一愣，马上反应过来，就着台阶下来："谢谢你们的关照，今天喝酒较多，有失礼的地方请多包涵。"就这样，服务员巧妙地让客人买了一套小件银餐具，而且事先将与客人装入衣袋的那件相同的银匙抽出来了，以高超的服务技巧，在不伤客人颜面的情况下，巧妙地保护了餐厅的利益。

发生客人拿取餐厅物品的情况时，作为服务人员应正确区分客人所取物品的性质。饭店物品分三类：第一类是餐厅或客房的免费用品；第二类是客房或餐厅的补给品，客人可以使用但不可以带走；第三类是计费用品，服务人员应根据客人所拿物品的类别采取相应措施。

如果客人确实偷拿饭店物品，服务人员必须追回，但要注意方式和分寸。注意尽量不在大庭广众之下索回，在语言上不采用过激言辞，当然，对于情节恶劣的、所偷拿物品比较贵重的客人，应处以罚款。本案例中服务员处理方法得当，用词婉转，讲究服务语言艺术，但让客人买下餐具的办法要慎用，防止发生冲突。

任务二　中餐宴会服务程序

1. 掌握中餐宴会各类服务的基本要点。
2. 掌握中餐宴会服务的详细程序。

1. 能够描述中餐宴会的服务要点。
2. 能够根据实际情况设计中餐宴会的服务流程。

宴会赏析

毛主席寿宴

毛主席的一生时刻牢记党的准则，严禁铺张浪费，从不允许别人替他贺寿庆生。1943年，毛主席已经50岁了，在平常人家里50岁也算是一个重要的祝寿年龄。于是党内就有一部分同志提议给主席祝寿，主席的正式生日是12月26日，祝寿的意见被提出来的时候才4月份，虽然时隔了8个月，延安的部分地方还是开始提早为寿宴做了准备。当时的中央宣传部的副部长特地给主席致信，告知主席同志们打算在他生日那天为他办寿宴。结果当主席得知后果断拒绝了办寿宴的打算，于是这场寿宴以取消而告终。

1949年后，国内的局势越来越稳定，人民的生活条件越来越好。随着主席的年龄慢慢增长，很多人不断地提议要为主席祝寿，主席每次都坚定的拒绝。有了以往的经验，大家都以为毛主席是不会公开办生日宴了，所以之后也很少再有人提及要为主席办生日宴这件事。令人出乎意料的是，1964年12月26日主席生日这一天，他居然主动为自己办了一场生日宴，这一举动令很多人大吃一惊，因为这是主席一生中绝无仅有的一场生日宴。

1964年毛主席已经71岁了，这一年主席一开始保持和之前一样的态度，拒绝别人给自己办生日宴，陶铸突然对主席说："这不是办生日宴，而是请您用自己的稿费来请我们大家伙吃顿饭"。听到陶铸说用自己写文章收获的稿费来请大家吃饭时，主席则表示没问题。同时前不久中国自己制造的第一颗原子弹成功爆炸，这也是一件值得庆祝的大事，主席结合发展情况，最终同意说道："既然你们都要我来请客，那么我就请吧"。于是这场由主席自掏腰包的生日宴成了主席第一个正式的生日宴，值得注意的是，宴会的主题是"招待劳模"。宴会举办的地点是人民大会堂，大家在一间不算大的房间内按照"品"字的形状摆放了三张桌子，共宴请了30多名来宾，因为宴会主题的特殊性，还有四位特殊的客人，他们可谓当时劳模的代表，分别是钱学森先生、大寨党支部书记陈永贵、"铁人"王进喜和"女知青"邢燕子。

"今天的宴席既不是为了给我祝寿，也不是过生日，只是实行三同，这场宴席我用自己的稿费来请大家吃饭。没邀请我的孩子，他们不够资格，在场有农民、解放军和工人，我们不光要吃饭，更应该一起聊聊天。"主席的开场白结束之后便开始和同席的客人轮流聊起天来，就这样，一场宴席其乐融融，直到散场大家才依依不舍地和主席告别。

（资料来源：张宝昌，张事贤.毛主席七十寿辰那一天［J］.百年潮，2009（5）：29-32.)

一、中餐宴会的迎宾服务

（一）迎宾服务

迎宾服务是宴会厅为顾客提供服务的开端，礼貌得体、优雅大方的迎宾服务，可以在吸引顾客的同时，为宴会厅树立良好的形象。宴会厅迎宾员在进行迎宾服务时应当注重细节，为顾客提供热情大方的迎宾服务。宴会厅迎宾员需要完成迎宾前期准备、迎候客人、安排客人就座、迎宾员适时离开、送别客人等迎宾服务工作，具体内容如下。

（1）宴会开场前 20 分钟，宴会厅管理人员和迎宾员在宴会厅门口准备迎候宾客。

（2）检查个人仪容仪表是否符合标准，以最好的精神状态投入工作。

（3）宴会厅迎宾员提前 15 分钟站在各自负责的区域内准备服务。

（4）宾客到达时，主动上前迎接，微笑问好，有目光交流，常客尽量带姓称呼。

（5）回答宾客问题和引领宾客时使用敬语，态度和蔼，语言亲切。

（6）在引领宾客进入场内的途中，根据宾客之间的言行举止对主人、宾客关系做出正确的判断，与看台服务员做好沟通。

（二）引位服务

引位服务在餐饮活动过程中都十分常见，体现了服务员的服务水平和协调能力，特别是宾客较多时。引位员在引位过程中，首先要有意识地看一看客人中是否有老人、孕妇、孩子、残疾人等，然后在引位的时候优先安排这些客人坐在进出方便的位置，或者在这些人排队的时候跟其他客人商量，让他们优先入席。这种有针对性的服务一定程度上避免了客人提出换座的要求。若遇到外地来的游客，大包小包进入饭店，引位服务员还要马上上前帮助客人提行李。这些举动都会给客人留下良好的印象，为后面的愉快进餐打好基础。引位服务的要点如下。

（1）迎宾员或引位人员应留意宴会厅的空位状况，以便确认客人人数并能准时带到指定位置。

（2）引位人员引路一般走在来宾左前方，通过手势进行引导，并说"这边请""请跟我来"，直至把客人引领至合适位置就座。

（3）引位过程中如遇到转弯或上楼梯，应主动提示客人并说"这边请"或"楼上请"。

二、中餐宴会的就餐服务

（一）入席服务

当客人进入宴会厅时，服务员要主动协助迎宾员安排客人入座。大型宴会应引领客人找到座位，并拉椅让座，待宾主坐定后，将席卡、座卡、花瓶收走，取出餐巾，展开后铺在客人膝上，脱去筷套。入席服务主要包括以下要点。

（1）服务员应主动上前为宾客拉椅让座，拉椅时站在椅背的正后方，双手握住椅背的两侧后退半步，同时将椅子拉后半步，用右手做一个"请"的手势，示意宾客入座，在宾客即将坐下的时候，双手扶住椅背两侧，用右膝盖顶住，保持座椅稳定。拉椅、送椅动作要迅速、敏捷、力度要适中，不可用力过猛。

（2）按照先宾后主，先女士、后男士的原则引导入席。

（3）宾客需要将外套脱去时，主动帮助宾客接过衣服，握住衣领，小心谨慎地挂在椅背上，拿来客衣套将椅背平整地套好，并告知宾客保管好自己的随身物品。

（4）一般宴会中，在开场前10分钟将毛巾、毛巾碟放在宾客的餐位上。

（5）高档宴会中，宾客坐定后，立即为宾客上小毛巾。

（6）宾客入座后，按先女士、后男士，先宾客、后主人的次序，以顺时针方向依次为宾客准备餐巾。站在宾客的右手边用右手拿起口布，拆开餐巾，左手提起餐巾的一角，使餐巾的背面朝向自己，用右手拇指和食指捏住餐巾的另一角，采用反手铺法，即右手在前，左手在后，为宾客铺上餐巾，这样可避免右手碰撞到宾客身体。

（二）展示酒水与斟酒服务

宴会开始前5分钟，应为宾客斟好白酒和葡萄酒，一般先斟葡萄酒，后斟白酒。客人入座后，根据客人要求斟饮料，如果客人要求啤酒与汽水同斟一杯时，应先斟汽水后斟啤酒。展示酒水与斟酒服务有以下要点。

（1）为宾客斟酒水时，应先征求宾客的意见，根据宾客的要求斟各自喜欢的酒水饮料。

（2）从主宾开始先斟葡萄酒，再斟烈性酒，最后斟饮料。

（3）根据白葡萄酒服务指导标准，为宾客展示酒水及斟酒，斟白葡萄酒杯的2/3即可。

（4）根据红葡萄酒服务指导标准，为宾客展示酒水及斟酒，斟红葡萄酒杯1/3即可。

（5）烈酒和软饮各斟八分满。

（6）宾客干杯或互相敬酒时，迅速拿酒瓶到餐台前准备添酒。

（7）主人和宾客讲话前，观察每位宾客杯中的酒水是否准备好。

（8）在宾客离席讲话时，准备好酒杯、斟好酒水供宾客祝酒。

（三）上菜服务

按规定的顺序上菜，整个宴会中上菜的速度应根据宴会的进程或主办人意见而定，一般以主桌为准，全场统一。

各类宴会由于菜肴的搭配不同，上菜的程序也不尽相同。这要根据宴会类型、特点、需要、因人、因事而定。基本原则是既不可千篇一律，又要按照中餐宴会相对稳定的上菜程序进行。

为了保证菜点的质量（火候、色泽、温度等），使宾客吃得满意，服务员应加强前后台的联系，恰到好处地掌握上菜的时间和速度，菜上得过慢，会造成空盘或菜冷、汤凉的现象；菜上得过快，会使宾客吃不好，有被催促的感觉。当主人和主宾致祝酒词时，要和厨房及时联系，采取措施暂停上菜，同时要根据席上客人食用的情况，保持和厨房的紧密配合，通常是客慢则慢，客快则快。

上菜时的注意事项

在宴会中，每种菜肴应遵循一定的程序，除上述顺序外，总的原则是先冷后热，先炒后烧，先咸后甜，先清淡，后味浓。

上菜时要选择正确的上菜位置，操作时站在译陪人员之间，即"上菜口"的位置，将菜盘放在转盘中间。鸡、鸭、鱼等大菜盘，摆放后应转动转盘，将头的位置转向主人，使腹部或胸脯正对主宾。

每上一道菜要后退一步站好，向客人介绍菜名和风味特点，表情要自然，吐字要清晰。如客人有兴趣，则可以介绍与地方名菜相关的民间故事，有些特殊的菜应介绍食用方法。在介绍前，将菜放在转台上，向客人展示菜的造型，使客人能领略到菜的色、香、味、形、质，边介绍边将转台旋转一圈，让所有的客人看清楚。

上菜之前，应先把旧菜拿走。如盘中还有分剩的菜，应征询宾客是否需要添加，在宾客表示不再需要时，方可撤走。保证台面间隙适当，严禁"盘上叠盘"。

上菜时间注意控制得宜，不可时快时慢，并遵循右上右撤的服务程序，不能跨位递撤。

（四）派菜服务

宴会的派菜服务要求服务人员主动、均匀地为客人分菜、分汤，分派时要胆大心细，掌握好菜的分量与数量。凡配有佐料的菜，在分派时要先沾（夹）上佐料再分到餐碟里，分菜时应站在客人的右侧，左手垫一毛巾托菜，右手用叉或勺。操作次序也是先宾客后主人，顺时针方向分派。

中餐宴会有以下常见派菜方法。

（1）服务人员左手托盘，右手拿叉与勺，将菜在客人的左边派入客人的餐盘中。

（2）将菜盘与客人的餐盘一起放在转台上，服务员用叉和勺将菜分派到客人的餐盘中，之后由客人自取或服务员协助将餐盘送到客人面前。

（3）将菜放在转台向客人展示后，由服务员端至备餐台，将菜分派到客人的餐盘中，之后用托盘将菜送至宴会桌边，用右手从客人的左侧放到客人的面前，与此同时，应先将客人面前的污餐盘收走。

三种派菜方法各有特点，究竟采用何种方法，应由餐厅统一规定。大型宴会中每一桌服务人员的派菜方法应是一致的，这样可显出整个宴会气氛的一致性和服务人员的训练有素。派菜时，应将有骨头的菜肴如鱼、鸡等的大骨头剔除。派菜要均匀，如果客人表示不要此菜，则不必勉强。

应注意，上菜时应先上酱料再上菜，菜要趁热上，上菜后方可拿开菜盖，介绍菜后再分菜。分菜时尽可能避免发出声响，并注意主配料搭配及分菜分量。

三、中餐宴会的席间服务

席间服务主要包括以下要点。

（1）宴会进行中，要勤巡视、勤斟酒、勤换烟灰缸和骨碟，细心观察宾客的表情及示意动作，主动服务。服务时，态度要和蔼，语言要亲切，动作要敏捷。

（2）当客人准备吸烟时，要主动上前为客人点烟，操作时用右手在客人右后侧进行。不能用一个火苗为两个以上的客人点烟。席间烟灰缸里若有两个烟头，烟灰缸就要立即换上干净的。更换时用左手托服务盘，右手从托盘中取出一个干净的烟灰缸，盖在客人台面上的脏烟灰缸上，用食指压住上面的干净烟灰缸，用拇指和中指夹住下面的脏烟灰缸，把两个烟灰缸一同撤下放入左手的托盘中，再将托盘中另一个干净的烟灰缸放在桌上烟灰缸原来的位置。

（3）除按规定撤换餐碟外，见到客人餐碟中骨渣或杂物堆集较多时应及时撤换。放餐具要轻拿轻放，右手操作时，左手要自然弯曲放在背后。

（4）待客人杯中酒水只剩1/3时应及时斟倒。

（5）客人的餐巾、餐具、筷子掉在地上应马上拾起并更换干净的。

（6）暂停工作时要与餐台保持一定距离，站立要端正，眼神要专注。

（7）在撤换菜盘时，如转盘脏了，要及时擦干净，擦时用抹布和一只餐碟进行操作，以免脏物掉到台布上，待转盘清理干净后才能重新上菜。

（8）若宾客在席上打翻了酒水杯具，要迅速用餐巾或香巾帮助宾客清洁，并用干净的餐布盖上弄脏部位，为宾客换上新杯具，重新斟上酒水。

（9）宾客吃完饭后，送上热茶和香巾，收去台上除酒杯、茶杯以外的全部餐具，抹净转盘。

（10）换上甜食碟、水果刀叉、小汤碗和汤匙，然后上甜品、水果，并按分菜顺序分送给宾客。

（11）宾客吃完水果后，撤走水果盘，递给宾客香巾，撤走点心碟和刀叉，摆上鲜花，以示宴会即将结束。

◆◆◆ 知识链接 ◆◆◆

中餐宴会撤换餐具的要点

在宴会进行的过程中，需要多次撤换餐碟或小汤碗，重要宴会要求每道菜换一次餐碟，一般宴会换碟次数不得少于三次。

1. 撤换餐具的意义

显示宴会服务的优良和菜肴名贵，突出菜肴的风味特点，保持桌面卫生雅致。

2. 撤换餐具的时机

通常在下述情况下，应撤换餐碟：首先，上翅、羹或汤之前，上一套小汤碗，待宾客吃完后，送上毛巾，收回汤碗，换上干净的餐碟；其次，待顾客吃完带骨的食物、海鲜或芡汁多的食物之后，及时更换干净的餐碟；再次，在上甜菜、甜品之前更换所有的餐碟和小汤碗，上水果之前要换上干净餐碟和水果刀叉；最后，残渣骨刺较多或其他脏物如烟灰、废纸、用过的牙签的餐碟，要随时更换，宾客失手将餐具跌落在地的要立即更换。

3. 撤换餐具的方法

待宾客将碟中食物吃完方可撤换餐碟，如宾客放下筷子而菜未吃完，应征得宾客同意后才能撤换，撤换时要边撤边换，撤与换交替进行，并按先主宾、后其他宾客的顺序撤换，注意要站在宾客右侧操作。

四、中餐宴会的收尾工作

（一）结账服务

（1）宴会即将结束时，宴会厅经理可以预先将客人的账单审核清楚，待客人用完餐后，请宴会组织者结账。

（2）结账时应将客人所用的酒水以及菜单以外的各种消费计算清楚，及时请客人确认。

（二）征询宾客意见

主动征询客人对菜肴、服务的意见，使用敬语，如"请问您对我们今天的菜肴、服务是否满意，请提出宝贵的意见，以便下次能更好地为您服务"。

（三）送别服务

（1）遗忘提示：在客人离席时，服务员要帮助客人整理衣物，检查台面上下是否有宾客遗忘及损坏的物品，提醒客人带好随身物品。

（2）拉椅服务：客人起身离座时，服务员为客人拉开座椅，以方便客人行走，视情况目送或随送到餐厅门口，致谢道别。

（3）取递衣帽：客人走出餐厅时，衣帽服务员应及时准确地将衣帽取递给客人，并帮助穿戴。

（四）结束收尾工作

（1）收台检查：客人离开后，服务员应检查有无客人遗留的物品，地面及台面有无未熄灭的烟头，关掉多余电器电源，按餐巾、香巾、玻璃器具、刀叉筷子、瓷器的顺序收拾台面。

（2）清理场地：搞好地面卫生、整理好桌子、椅子和工作台，关好门窗。

（3）及时关闭高能耗设备，如吊灯、空调等，做好节能工作。

（4）将桌椅摆放整齐，地面、地毯打扫干净，关闭电源，关好门窗。

（5）由宴会厅领班通知安全部进行歇业检查，并将区域钥匙交到安全部。

◆◆◆ **知识链接** ◆◆◆

宴会行业服务人员应该具备的职业观念

1. 服从观念

服从是管理人员和服务人员的天职，以工作指令为准绳，服务观念的树立是做好服务工作，以及优秀服务人员应该具备的首要条件。

2. 纪律观念

服务人员要有严谨踏实的工作作风，更需要树立严格且严肃的组织纪律观念，树立强烈的遵规守纪观念，以严格的劳动纪律、规章制度和奖惩条例来约束行为。

3. 自律观念

服务人员要有行为规范的自律，仪容仪表的自律，言谈举止的自律，工作及生活小节的自律，服务工作质量及劳动纪律的自律。

4. 服务观念

"干一行，爱一行"是中国人的古训，要做好每一次对客服务工作，必须全身心投入，做好服务工作。

5. 礼貌观念

作为服务行业的从业工作人员，待人接物、文化修养、行为规范、见客微笑问好，谦让彬彬有礼都会给客人带来温馨感，是贯穿于日常服务工作的始终，这也是一名服务人员是否合格和职业水准高低的体现。

6. 技能观念

一名优秀的服务工作者要做到熟悉岗位职责、工作程序，优质的服务标准、良好的职业技能是为客人提供优质服务、周到服务和个性化服务的基础。

💡 **案例分析**

一位翻译带领4位外籍客人走进了某三星级饭店的中餐厅。入座后，服务员请他们点菜。客人要了一些菜，还要了啤酒、矿泉水等饮料。突然，一位客人发出诧异的声音。原来，他的啤酒杯有一道裂缝，啤酒顺着裂缝流到了桌子上。翻译急忙让服务员过来换杯。另一位客人用手指着眼前的小碟子让服务员看，原来小碟子上有一个缺口。翻译赶忙检查了一遍桌上的餐具，发现碗、碟、瓷勺、啤酒杯等均有不同程度的损坏，上面都有裂痕、缺口和瑕疵。

翻译站起身把服务员叫到一旁说："这里的餐具怎么都有问题？这可会影响外宾的情绪啊！""这批餐具早就该换了，最近太忙还没来得及更换。您看其他桌上的餐具也有毛病。"服务员红着脸解释。

"这可不是理由啊！难道这么大的饭店连几套像样的餐具都找不出来吗？"翻译有点生气了。"您别着急，我马上给您换新的餐具。"服务员急忙改口。翻译和外宾交谈后又对服务员说："请你最好给我们换个地方，我的客人对这里的环境不太满意。"

经与餐厅经理商洽，最后将这几位客人安排在小宴会厅用餐，使用质量好的餐具，并根据客人的要求摆上了刀叉。望着桌上精美的餐具，喝着可口的啤酒，这几位宾客终于露出了笑容。

结合本案例，分析以下问题：

餐前准备中应该重视哪些问题？

项目七　西餐宴会服务

任务一　西餐宴会服务特点

1. 掌握西餐宴会的含义。
2. 理解西餐宴会服务的特点。

1. 能够描述西餐宴会的基本含义。
2. 能够根据实际情况分析西餐宴会的特点。

宴会赏析

英式宴会

　　都铎王朝时期是英国君主集权的黄金阶段。当时王朝鼎盛，国力强大，美食宴会丰盛奢靡，宴会礼仪规矩讲究，尽显贵族风范。在英国贵族晚宴上，主人必须注意将餐刀和勺子准备齐全。当时餐叉还未出现，餐刀在大多数时候兼具叉子的功能，与之配合的是勺子。另外，因为有些菜直接用手食用，而且需要几个人一起动手，这就要求主人必须为客人准备好净手器具，且放在大家目光可及的地方，确保彼此都知道，这个人刚才抓菜用的手是干净的。在食物上，除了普通肉类，宴会还会准备很多罕见飞禽走兽的肉，如天鹅、孔雀、鹅、野猪和鹿。根据流传至今的中世纪食谱，当时贵族所吃的菜里多会添加大量香料，很多贵族的庄园中都有独立的香草料植物园，种植各种调味香料，如欧芹、薄荷、迷迭香、百里香、鼠尾草等。在饮品上，英伦贵族更青睐葡萄酒，饮酒用的器皿也非常讲究。

　　从餐桌礼仪到美食盛宴，从都铎王朝至今，英式宴会的奢华气度仍然体现着对生活品质的追求。

一、西餐宴会

　　西餐宴会是使用刀叉等西餐餐具，采用西餐摆台，品尝西餐菜肴，按西餐礼仪提供服务的宴会。

西餐宴会的餐桌一般用长台，较少用圆台；用餐方法采用分餐制，一人一份餐盘，使用多套刀叉，每吃一道菜，更换一套餐具，不同的菜式摆上不同的刀叉餐具；不同的菜上不同的酒及酒杯；宴会厅灯光柔和、偏暗，通常会点蜡烛，气氛轻松而舒适；宴会进行中常有乐队伴奏或播放轻音乐。

二、西餐宴会服务特点

（一）菜点与酒水

西餐宴会的菜点以欧美菜式为主，饮品使用西洋酒水。

正式的西餐宴会上，酒水是主角，且酒水与菜品的搭配十分严格。一般来讲，吃西餐时，不同的菜肴需要搭配不同的酒水。西餐宴会所使用的酒水，大致可以分为餐前酒、佐餐酒、餐后酒三种。

餐前酒又名开胃酒，在正式用餐前或搭配食用开胃菜时饮用。常见的餐前酒有鸡尾酒、味美思和香槟酒。

佐餐酒又称餐酒，是正式用餐时饮用的酒水。常用的佐餐酒均为葡萄酒，且多为干葡萄酒或半干葡萄酒。"白酒配白肉，红酒配红肉"是非常重要的原则，即食用鱼肉、海鲜、鸡肉等白肉时搭配白葡萄酒，食用牛肉、羊肉、猪肉等红肉时搭配红葡萄酒。这里所讲的白酒、红酒均为葡萄酒。

餐后酒是用餐后饮用的助消化酒水，常见的有利口酒，又叫香酒，最有名的餐后酒是白兰地酒，号称"洋酒之王"。

西餐宴会使用不同的酒杯享用不同的酒品，西餐餐桌会摆放 3~4 只酒水杯在每位用餐者右手边餐刀的上方，依次从外向内侧使用，有时也会因女主人的喜好而进行相应变动。一般来讲，香槟杯、红葡萄酒杯、白葡萄酒杯、水杯是不可缺少的。

（二）上菜次序

西餐菜单通常按照开胃菜、汤、沙拉、海鲜、肉类、点心等分类。确定菜单时应先决定主菜，如果主菜是鱼，开胃菜就选择肉类，使口味富有变化。除宾客食量特别大外，不必从菜单上的单品菜内配出全餐，只要开胃菜和主菜各一道，再加一份甜点就够了。也可以不要汤，或者省去开胃菜。

（三）环境格调

西餐宴会的环境布局、厅堂风格、台面设计、餐具用品、音乐伴餐等均突出西洋格调，使用刀、叉等西式餐具，餐桌为长方形，西餐台面布置，采取分食制。宴会席间播放背景音乐，服务程序和礼仪都有严格要求。

（四）座次安排

一般而言，西餐宴会中背对门的位置是最低的，由主人坐，而面对门的位子是上位，由最重要的客人坐。

长型桌排列时，男女主人分坐两头，门边是男主人，对面是女主人，男主人右手边是女主宾，女主人右手边是男主宾，其余依序排列。

西餐宴会上，通常男女间隔而坐，用意是男士可以随时为身边的女士服务。

（五）宴会形式

西餐宴会形式多样，如正式宴会、自助餐会、冷餐酒会、鸡尾酒会等。根据菜式与服务方式的不同，又可分为法式宴会、俄式宴会、英式宴会、美式宴会等。随着日、韩菜式的兴起，日、韩式宴会在我国也常被纳入西餐宴会的范畴。

◆◆◆ 知识链接 ◆◆◆

鸡尾酒会又称酒会，通常以酒类、饮料为主招待客人。鸡尾酒会一般酒的品种较多，并配以各种果汁，向客人提供不同酒类配合调制的混合饮料（即鸡尾酒）；还备有小吃，如三明治、面包、小鱼肠、炸春卷等。

鸡尾酒的英文是 Cocktail，韦氏词典对鸡尾酒的定义是：鸡尾酒是一种量少而冰镇的酒，它是以朗姆酒、威士忌、其他烈酒或葡萄酒为基酒，再配以其他材料，如果汁、鸡蛋、苦精、糖等，以搅拌法或摇荡法调制而成，再饰以柠檬片或薄荷叶。鸡尾酒在酒会中、生活中是不可缺少的一部分。随着社会的发展，无酒精鸡尾酒更成为一种新时尚。

任务二　西餐宴会服务程序

1.掌握西餐宴会服务的程序。
2.掌握西餐宴会上餐流程。

1.能够描述西餐宴会服务的程序。
2.能够根据实际情况进行西餐宴会服务。

宴会赏析

瑞士国宴

外国国宴通常为晚宴，出席国宴的的人都着正式服装，按排定的席位入座。国宴常常会持续两三个小时，但饭菜远比人们想象中简单：往往只是少许冷盘，一两道热菜，一道甜食，外加面包和饮料随时按需提供。但饭菜简朴不代表"礼轻情不重"，实际上西餐国宴特别注重礼仪，其功夫往往在饭菜之外。

在瑞士，联邦主席为招待各国外交使节而举行的国宴，都是三菜一汤，加上一份甜食，但精明的主人善于用五彩缤纷的鲜花和美妙的音乐营造一种温馨的气氛，让大家有宾至如归之感。菜式的设计更是别出心裁，甜点上装饰有瑞士国旗图案；状若熊掌的蘑菇牛排看起来赏心悦目，且瑞士的首都伯尔尼被誉为"熊城"，吃了这道菜，便使人再也忘不了伯尔尼。这是一种饮食文化与民风民情的展示。

一、接受预订

电话铃响三声内接听，拿起电话，语气礼貌亲切，向客人问好；询问客人需要，记录客人要求、信息，并向客人确认信息；确认客人预订信息，并请客人留下联系方式；向客人致谢后，等客人挂断电话后方可挂断。

二、餐前准备

确认客人信息，有无特殊要求，检查服务人员仪容仪表。开餐前例会，讲清以下注意事项。

（1）了解情况。了解清楚外宾的国籍、身份、宗教信仰、生活习惯等。

（2）熟悉菜单。根据宴会菜单备齐各种餐具及其他物品。

（3）铺台、摆台。根据宴会的性质、参加宴会的人数、餐厅面积及设备情况设计台形，可摆成一字形、T字形、山字形、方框形、马蹄形等。铺台、摆台程序见前文铺台及西餐宴会摆台操作。

三、迎宾及引位

迎宾员要热情端庄，准时站在入口迎接，并主动向客人问好，询问有无预订；有预订要确认预订信息。带领客人走向预订位，引位员走在客人的右前方，伸手向客人示意方向，行进速度适中，与客人保持1m的距离，并不时回头看客人；到达座位后，询问客人对座位的意见，并要按客人要求做出调整；请客人入座，并主动为客人拉椅子，遵循女士优先、先宾后主的一般原则；为客人铺餐巾，待客人入座后为客人打开餐巾。

四、西餐酒水服务

（一）餐前酒水服务

（1）宾客点菜之前，应先询问宾客是否需要餐前酒，点主菜后再次询问配餐酒，使用敬语："先生/小姐，请问您来点什么酒水饮料？"

（2）向宾客介绍酒水饮料："我们这儿有许多种类酒水，请问您需要哪种？"

（3）服务员要全面了解酒水知识，如价格、品种、酒精度、产地等。

（4）询问宾客是否有特殊要求，如冰镇、加温、醒酒等。

（5）对宾客所点的酒水饮料要复述一遍，得到宾客的确认。

（二）酒水准备

（1）确认宾客的点单后，使用托盘为宾客摆放相应的杯具，如白葡萄酒用白葡萄酒杯，红葡萄酒用红葡萄酒杯。

（2）填写就餐单后，去吧台取酒水饮料。

（3）确保品种无误，瓶身干净无破损。

（4）用托盘摆放酒饮，应根据宾客座次顺序摆放，第一位宾客的酒饮放在托盘的远离身体侧，最后一位宾客的酒饮放在托盘的里侧。

（5）取酒水饮料的时间不得超过 3 分钟，现榨果汁等特殊饮品除外。

（三）斟酒水或饮料

（1）从宾客的右侧为宾客服务，使用敬语："您好！这是您的 ××。"

（2）提供酒饮的同时需报出酒饮名称。

（3）在宾客面前将酒水饮料打开，斟倒时速度不宜过快，避免含气体的饮料溢出。

（4）对同一桌宾客要在同一时段内按顺序提供酒水饮料服务。

（5）斟酒时，注意手臂伸直，酒瓶成 45°，瓶口不要碰到酒杯，也不宜离杯过高，以免酒水溢出。

（6）酒水饮料商标应自始至终面向宾客，每斟完一杯酒，都要将酒瓶按顺时针方向轻轻转一下，避免瓶口的酒滴落在台面上，一般酒和饮料要求在杯中有八分满，红葡萄酒 1/3，白葡萄酒 2/3。

（7）服务过程中，动作要轻缓，避免酒中的沉淀物浮起，影响酒的质量。

（四）添加酒水饮料

（1）随时观察宾客的酒杯，当发现宾客杯中仅剩下 1/3 酒饮时，立即主动询问是否添加，使用敬语："请问是否需再加 ××？"如宾客同意添加，则立即为宾客添加。

（2）若瓶中的酒饮只剩下 1/3 时，须及时征求主人的意见，是否再加一瓶，若主人不再加酒，即观察宾客，待其喝完酒后，将空杯撤掉。

（3）抓住时机向宾客询问是否愿意续杯或者给宾客推荐其他饮品，注意推销技巧，尽量使用选择疑问句向宾客推销。

（4）如宾客不再添加饮品，等宾客喝完饮品后，从其右侧撤走空杯。

五、餐前服务

（1）客人坐好后，给客人打开餐巾，放在客人腿上或依客人意见。

（2）为客人呈递菜单。

（3）询问客人酒水，向客人展示酒水，得到客人允许后，为客人打开酒水。开瓶后用餐巾擦拭瓶口，将酒水倒入杯中约近杯底让客人尝试。

（4）上面点服务。上头盘前要先为客人上面点，面点品种要询问客人，大多为面包，上面点的同时，要为客人上黄油。

六、上餐服务

（一）上头盘

将头盘放到客人面前的装饰盘里，头盘上好后需要配料，要询问客人需要，根据客人需要上配料。客人吃完头盘，根据客人的刀叉摆放位置或确认客人不打算继续食用后，询问客人是否可以撤去头盘，得到客人允许后，撤走头盘。撤碟要等整台宴会上的客人全部吃完后才可以一起撤走。

（二）上汤

将汤杯放在汤碟上，客人用完汤后，按撤走头盘的顺序和标准，撤走汤杯及其他餐具。

（三）上中盘

中盘一般是中等分量的鱼类、海鲜，上好中盘后应询问客人是否需要其他配料。客人吃完中盘，根据客人刀叉摆放位置或客人表示不再吃后，先询问客人是否可以撤掉中盘，得到客人允许后，撤走中盘及相应餐具。

（四）上主盘

主盘如果是扒类，一般是牛扒，上之前要注意询问客人对主盘的要求及意见。根据客人的需要通知厨房按客人的要求进行扒制。给客人上扒时，要告诉客人几成熟，千万不要上错。上扒的同时询问客人是否需要胡椒粉、芥末等佐料，按客人需要上佐料。待所有客人吃完后，按客人刀叉的摆放位置或客人表示不打算再吃后，先询问客人是否可以撤盘，得到客人允许后，再撤走盘碟及餐具。

（五）上水果、咖啡（茶）、小吃等

客人吃完主盘后一般上水果或其他小吃，水果的造型要美观。客人吃完后，询问客人是否需要咖啡或茶等饮料，要根据客人的需要送上，同时要备上方糖或牛奶，由客人自行选用。

上菜时，主造型一般要正对着客人，每位客人都一样，若是方台，碟摆放的位置距离等都要一致，并成一条直线。加盖的菜上桌后，每一位服务员对应一位客人，同时为客人揭盖，动作要一致。上菜时要从客人的右边上席，撤碟时要从客人的左边开始，进餐服务过程中，服务员要细心观察、服务周到。有些食物如虾、蟹等食用后，要尽快帮客人撤换餐碟，客人离开席位后，要将客人的餐巾叠好放在客人装饰碟的右边，摆放要整齐。西餐注重安静优雅的用餐环境，所以席间服务动作要轻。

◆◆◆ 知识链接 ◆◆◆

西餐餐具礼仪常识

1. 西餐餐具及餐具的摆设

西餐餐具有刀、叉、匙、盘、杯等。其中，刀分为食用刀、鱼刀、肉刀、奶油刀、水果刀；叉分为食用叉、鱼叉、龙虾叉；匙有汤匙、茶匙等；杯的种类更多，茶杯、咖啡杯多为瓷器，并配小碟，水杯、酒杯多为玻璃制品。

西餐餐具及餐具的摆设应按西餐礼仪：正面位置放食盘，左手位放叉，右手位放刀；食盘上方放匙，再上方放酒杯，右起依次为烈性酒杯或开胃酒杯、葡萄酒杯、香槟酒杯、啤酒杯，有几道酒，就配几种酒杯；餐巾插在水杯内或摆在食盘上；面包奶油放在左上方；吃正餐时刀叉数目应与上菜道数相等，并按上菜顺序由外向里排列，刀口向内；用餐时可按此顺序使用，吃一道菜，换一套西餐礼仪。

2. 西餐刀叉的使用

西餐刀叉的使用方法可分欧陆式和美式两种。欧陆式的进餐方法是右手持刀，左手握叉，用刀将食物切成小块，左手用叉子叉起送入口中，席间刀子始终在右手，并可用它协助叉子叉起食物。这种进餐方式动作优雅且有效率，使用比较广泛。美式进餐方式是右手持刀切好食物后，将刀子置于盘上，叉子移至右手，然后再叉起食物送入口中，再切食物时，将叉子再移回左手。

暂停进餐，不需撤盘时，可将刀叉摆成八字或交叉型置于盘上，刀口向里，叉齿向下。用餐结束后，可将刀叉并排放在盘子的右侧，刀口向里，叉齿向上、向下均可，表示此道菜用完，盘子可以撤走。

3. 西餐宴会的礼仪常识

（1）预约的窍门。越高档的饭店越需要事先预约。预约时，不仅要说清人数和时间，也要表明是否要吸烟区或视野良好的座位。如果是生日或其他特别的日子，可以告知宴会的目的和预算。在预约时间内到达是基本的礼貌。

（2）再昂贵的休闲服，也不能随意穿去参加正式西餐宴会。

（3）穿着得体是参加西餐宴会的基本要求。去高档的餐厅，男士要穿整洁的衣裤和皮鞋，女士要穿套装和有跟的鞋子。如果指定穿正式服装，男士必须打领带。

（4）最得体的入座方式是从左侧入座。当椅子被拉开后，身体在几乎要碰到桌子的距离站直，领位者会把椅子推进来，腿部碰到后面的椅子时，就可以坐下来。

（5）用餐时上臂和背部要靠椅背，腹部和桌子保持约一个拳头的距离，两脚交叉的坐姿应避免。

七、结账服务

客人表示要结账时，要先打印账单，然后向客人呈递账单，并报出客人的消费金额，询问客人的结账方式（现金、挂账、刷卡），询问客人是否需要发票，寻找适当机会询问客人用餐满意度。客人起身离开时要为客人拉椅子，感谢客人用餐，欢迎客人下次光临。

八、送别客人

客人离开时，服务员主动上前拉椅，礼貌地送别客人，并提醒客人不要遗忘物品。陪同客人到宴会厅门口，与迎宾员一起向客人道别。

客人离开后，检查并清理台面，若发现遗留物品及时送还给客人。

◆◆◆ 知识链接 ◆◆◆

中餐宴会与西餐宴会主要有以下区别。

（1）桌式：中餐宴会多为方桌或圆桌，西餐宴会多为长桌。

（2）座位：中餐宴会第一主宾就座于主人的右侧，第二主宾就座于主人的左侧或坐于第二主人的右侧，西餐宴会主人的夫妻两人分别坐长桌的两头。

（3）上菜：中餐宴会不断上菜，较少换盘，西餐宴会要等一道菜吃完，才上下一道，所以每个人永远只在吃一道菜，每道菜都要换盘。

（4）餐具：中餐宴会的餐具有筷子、杯、盘、碟、调羹，西餐的餐具有刀、叉、勺。

（5）荤素：中餐宴会以荤菜为贵，热菜占比高，一般采用煎、炒、炸、烤、烩、焖等烹调方法烹制口味多样的菜肴，西餐宴会以素食为贵，冷菜占比高，一般吃完冷菜后上汤。

（6）饮酒：中餐以豪饮为尊，每次都要敬酒、干杯，规矩极复杂，西餐以品酒为尊，怎么喝酒是各人自愿的事，他人不得干涉或者劝酒。

（7）进餐习惯：中餐宴会进餐不忌讳发出声音，讲话需要让大家都听到，西餐宴会进餐讲话要求声音较小，不要干扰其他人。

💡 案例分析

一天早上，某餐厅吃早餐的客人很多，服务员都在紧张地进行服务工作。这时，走进来一对夫妇，丈夫是欧洲人，妻子是中国人。由于客人很多，服务员为这对夫妇安排了一张桌子，但是这张桌子还没有来得及收拾，服务员建议这对夫妇先回房间把行李取下来，然后再来吃早餐，这样既能避免等待，又能节约客人的时间，客人觉得建议很好，于是就上楼去了。但是当这对夫妇取了行李再次回到餐厅的时候，刚才那个位置已经坐下其他客人了，服务员很快又给他们安排了另一个位子。位子是解决了，但是，从吃饭开始到结束始终没有一位服务员来询问他们要喝咖啡还是茶，这是不符合五星级酒店餐厅服务程序的。中午他们来到西餐厅吃午餐，他们发现点的蘑菇汤不对，被换成了番茄汤。晚上，这对夫妇写了一封书面的投诉信交给大堂经理。大堂经理在第一时间通知了餐饮部的经理，经理马上了解情况，带着一个果篮到该夫妇住的房间，首先表示歉意，然后表示要立即加大服务质量管理力度，保证避免此类事件的发生。

结合本案例，分析以下问题：

（1）以上案例说明了什么问题？

（2）该酒店应如何避免类似的事情再次发生？

项目八　宴饮文化

任务一　中国饮食习俗

1. 理解中国饮食习俗的内涵。
2. 理解不同时节的饮食习俗。
3. 了解中国不同地区的饮食习俗。

1. 能够描述不同时节的饮食习俗。
2. 能够讲述各地饮食习俗。

宴会赏析

梅　兰　宴

戏剧与烹饪完美结合而成的梅兰宴，已入选江苏十大主题名宴。

1. 起源

梅兰宴起源于江苏泰州，此地古称海陵，为"汉唐古郡，淮海名区"。自古以来，泰州文风鼎盛，名人辈出，是中国京剧一代宗师梅兰芳先生的故乡。1956年春，梅兰芳偕夫人福芝芳、子梅葆玖率梅兰芳京剧团回乡省亲祭祖，巡回演出，泰州数位名厨特地创制"双凤还巢"佳肴以示谢忱，梅先生赞誉有加。

1994年，为纪念梅兰芳先生100周年诞辰，在原泰州市副市长陆镇余牵头下，泰州宾馆成立了6人梅兰宴研发小组，小组成员有已故原泰州烹饪协会秘书长、原泰州宾馆分管餐饮的副总朱国宾，原泰州宾馆餐饮部的两对热菜厨师师徒：陈名玺和王晓明、周庆宝和陈刚，以及一位冷菜厨师苏文龙。

研发小组将戏曲与烹饪文化相结合，以梅兰芳先生的18个代表剧目为背景，以戏成菜，喻形或喻义，同时吸收梅先生日常饮食习惯，兼收巡演时期所品泰州名馔，构成该宴清丽多姿、典雅华贵的风格。

近年来，泰州烹饪界根据现代人对饮食和营养的要求，结合新原料和新烹饪技艺的运用，对梅兰宴进行不断地改进和完善，使其能够进一步的发展，受到各界人士的欢迎。

如此用心的制作，也使梅兰宴成功入选江苏十大名宴之一。

2. 菜式

梅兰宴以淮扬风味为主，其用料考究、因材施艺、制作精细、追求本味、清鲜平和、形质兼美。宴中十八道菜的菜名，正是取典于京剧艺术大师梅兰芳先生的代表剧目，如锦凤还巢、黛玉怜花、霸王别姬、贵妃醉酒等，使菜品风格雅丽，大大提升了文化品位。

3. 菜单

冷菜：天女散花；红茄睡莲、生鱼芙蓉、茭白兰花、目鱼秋菊、鸭脯理菊、炝腰山茶、酥蜇牡丹、玉色绣球、卤舌月季、向日葵花；

热菜：龙凤呈祥、玉堂春色、双凤还巢、桂英挂帅、断桥相会、黛玉怜花、霸王别姬、锦凤取参、奇缘巧会、嫦娥奔月；

汤菜：游园惊梦；

甜品：碑亭避雨；

点心：荠菜春卷，海陵麻团；

主食：鱼汤刀面；

水果：养颜果盘。

（资料来源：朱国宾. 泰州推出梅兰宴［J］. 中国烹饪研究，1995（2）：59-60.）

一、饮食习俗

一个民族、一个地区的饮食习俗不仅与地缘、物产等自然条件、经济状况有着必然和不可分割的关系，而且反映了人们在审美情趣、文化习俗等方面的文化观念和传统意识。因此，中华民族饮食习俗是中国饮食文化的重要组成部分。

中国自古注重饮食养生，向有"民以食为天"之说。中华民族饮食习俗内容很丰富，各民族的地理环境、历史进程、民族信仰等方面的差异，使他们的饮食习俗也不尽相同，构成了中华民族饮食习俗庞大纷繁的体系。饮食习俗一般包括日常饮食习俗、节日饮食习俗、宗教礼祭饮食习俗等内容，经常反映在一些典型食品中。

二、春季节日饮食习俗

（一）春节

春节是农历大年正月初一，是家庭团聚期盼丰年的重要节日。在春节的年饭中，小麦产区的北方，节日主要食物以饺子为主；水稻产区的南方，则以汤圆、年糕、素食为主。

（二）人节

人节是农历正月初七，又叫人胜节、人日、七元节，是地方性家庭欢庆祭祀的节日。在这一天忌食米饭，代表食物是用七种蔬菜做成的素菜或素羹。

（三）元宵节

元宵节是农历正月十五，又名上元节、灯节，在古代民间是张灯结彩、祭祀星辰的节日。人们习惯用糯米粉制作元宵（汤圆）为食（元宵在古代称为浮元子，近代将其包制的称汤圆，摇制的称元宵）。

（四）中和节

中和节是农历二月初二，又称龙头节、春龙节，是传说中春龙抬头普降春雨的日子，在北方比较流行。中和节的节日食物主要有龙须面、春饼（龙鳞饼）、炸春卷、炸春段、炸糕、太阳糕和五蔬盘，习惯配食黄豆酱、面酱、葱、蒜等食物。

（五）巳节

巳节是农历三月三，在古代是郊游踏青和祭奠神灵的节日，节日饮食主要以素食为主。

（六）清明节

清明节是公历 4 月 4 日或 4 月 5 日，是传统祭奠祖先的重大节日，北方地区节日饮食以素食为主，喜欢吃以香椿为原料制作的炸香椿鱼、香椿面、香椿豆、香椿炒鸡蛋、香椿煎饼等素食。

三、夏季节日饮食习俗

（一）端午节

端午节是农历五月初五，是祭奠民族图腾中华神龙最为重要的节日，也是祭奠爱国诗人屈原的传统节日，这一天要举行盛大的龙舟赛事，以示龙腾精神。由于夏季暑热的降临恰逢播稻的时节，万物复苏，为防止五虫害对人体的侵扰，并表示对先人的追思，人们会食用节日食物——粽子，"粽"谐音"宗"，寓宗族之意。全国范围都流行端午节吃粽子的习俗，北方喜欢甜味的粽子，南方喜欢吃咸味的粽子；在某些地区，人们保持着插香蒲草或艾草、张贴钟馗图、饮雄黄酒、吃粽子（北方黄米，南方糯米）的节日风俗，以黄色黏性的食物来驱妖避邪。一般地区端午节除了吃粽子之外，还要吃"五黄"（黄鳝、黄鱼、黄瓜、黄梅、雄黄）和"三白"（白酒、白肉、白蒜头）。

（二）天馈节

天馈节是农历六月初六，时值盛夏，为感谢自然给人类的馈赠，北方的人们往往以清凉解暑的食物（如酸梅汤、芡实粥、冰糖绿豆爽、湘莲红豆沙、冰花马蹄露、八宝莲子糯米凉糕等）来祭祀。人们习惯在这一天里制作豆豉、面酱、黄酱、酿造酱醋，用"发酵"以示"尽孝"之意。

（三）七夕节

七夕节是农历七月初七，又称乞巧节、女儿节。为了赞颂牛郎、织女的纯洁爱情，江南地区的人们会用精美灵巧的小点心和时令鲜果表示怀念。

（四）中元节

中元节是农历七月十五，是民间祭祀祖先、怀念亡灵的重要祭祀节日，节日饮食以素食为主。

四、秋季节日饮食习俗

（一）中秋节

农历八月十五的中秋节，是人们期盼丰收和家庭团聚的节日。中秋之夜，彩云初散，皓月当空，在银色的月光下，全家围坐在摆满水果、月饼的圆桌旁，共庆家庭的团圆。这天晚上一定要吃的就是月饼。在整个节日期间南方、北方风味的月饼争奇斗艳，精美的月饼成为人们相互馈赠和表达情意的食物。

（二）重阳节

重阳节是农历的九月初九，在古代是祭祀太阳神的节日。适逢金秋时节，重阳节是庆祝收获的季节，同时也是敬老爱老的传统节日，节日饮食习俗是喝桂花酒和菊花黄酒、吃太阳糕（重阳糕）、吃螃蟹。北方人们在重阳节时，还喜欢登高远眺。

五、冬季节日饮食习俗

（一）冬至

冬至也称"贺冬节"，是在农历的十一月冬至这一天，民间有"冬至大如年"的说法。但各地冬至的庆典方式有异，多会有祭祖庙会。伴随这些活动的饮食习俗有喝米酒、吃长生面、冬至肉、冬至团、馄饨。南方冬至时一般先扫墓后饮宴，饮宴名目有"献冬至盘"和"分冬至肉"等，北方有"馄饨拜冬"和"羊肉熬头"等。

（二）腊八节

每年农历的腊月初八（十二月被称为腊月）是我国传统的腊八节，腊八节又称"腊日祭"，原是古代庆丰收酬谢祖宗的节日，后演变为驱寒、祭神和辞旧迎新的活动，这天我国大多数地区都有吃腊八粥的习俗。腊八粥是用八种当年收获的新鲜粮食和瓜果煮成，一般为甜味粥。中原地区的许多农家也喜欢吃腊八咸粥，粥内除大米、小米、绿豆、面豆、花生、大枣等原料外，还要加萝卜、白菜、粉条、海带、豆腐等。腊八粥有健脾、开胃、补气、养血、御寒等功效。

礼仪与饮食习俗

自远古时期开始，中国各民族就都喜欢把美食与节庆、礼仪活动结合在一起，节日、生丧婚寿的祭典和宴请活动是表现饮食习俗文化风格最集中、最有特色、最富情趣的方式。节日起源与历法、重大历史事件和历史传说有关，有固定的庆贺日期，有特定的主题和众多人参加。在节日里，通过相应的饮食习俗活动加强亲族联系，调节生活节奏，表现人们的心愿追求、文化需求和审美意识。例如，每年农历五月初五端午节，人们都要吃粽子，用于寄托对屈原的深切怀念；农历七月七日为乞巧节，人们用乞巧果（各种雕花果、花瓜、花点等）供奉牛郎织女，向织女星乞求女工之巧，表现人们对勤劳、聪慧美德的崇尚；还有过年吃饺子、汤圆、年糕，中秋吃月饼等都表达了人们对合家团聚、亲人安康的美好祝愿。少数民族传统节日期间的礼仪与饮食习俗更是丰富多彩，备有丰盛的节日食品，如满族的饽饽、回族的油香和馓子、维吾尔族的羊肉抓饭、水族的鱼包韭菜等，还伴有各种形式的娱乐活动，如云南彝族的阿细跳月、景颇族的木脑纵歌、蒙古族的那达慕、傣族的泼水等，均是寓娱乐于美食之中的活动。生活中的生丧婚寿是部分人之间的礼仪活动，虽不似节日活动那样广泛，但能反映出礼俗文化与浓厚的乡土色彩。在汉族地区设宴一般讲究"逢喜成双，遇丧排单，婚庆求八，贺寿重九"；回族的宴会一般都是8道菜或12道菜，忌单数；东乡族用鸡待客时，把鸡分成十三块，以带鸡尖的那块为贵，通常要奉献给尊敬的客人；畲族祭祖时，讲究两杯酒、一杯茶，三荤三素六个菜。

六、中国不同地区的饮食习俗

中国饮食文化具有明显的地域性差异。一个地方饮食习惯的建立与它当地的物产、气候、历史文化、宗教等因素都密切相关。

（一）东北地区

习惯上，人们把黑龙江、吉林、辽宁三省简称为东三省或东北三省。东北人主要食杂粮，除大米、白面、小米、玉米、高粱等外，还喜食杂有豆类的二米饭。副食品种多，大酱、酱制品、酸菜、腌菜、腐、冻豆腐都是不可缺少的副食品。东北地区民间烹制除多以炖、炒、熬、蒸和火锅外，还喜欢用拌、蘸食法。概括地说，东北人一般喜欢吃肉食、鱼、虾、野味，重油偏咸。

东北地区人们好客，设酒宴必先上凉菜，菜必双数（因部分地区的丧葬酒席才上奇数）。最后一道菜严禁上丸子。席间，主人必频频向客人敬烟劝酒，夹菜添饭，处处表现出东北人民特有的热情好客。

（二）华北地区

河北人一日三餐，农闲季节间或一日两餐。主食以面粉、杂粮为主，副食以猪肉、牛肉、羊肉、蛋、禽、菜、鱼为佳品，口味偏咸，重油重色。

山西人一日三餐，基本上是早饭稠，午饭好，晚饭稀。重主食，轻副食，农村多以咸菜、酸菜佐餐，不搞一餐数菜，但主食花样之多实为外地人称奇，有"一面百样吃"和"七十二样家常便饭"的说法。主食的做法有蒸、煮、烤、烙、炒、拌、炸、煎等。

北京人颇具北方人的共性，他们口味偏重，绝大多数人喜爱爆火烩锅，而且少不了葱、姜、蒜作调料。"冬季食厚味，百令喜清素"是北京人饮食的季节变化特点。主食主要有馒头、面条、饺子、米饭、烙饼等。早餐常为油饼、豆浆、牛奶、炒肝、豆腐脑，午、晚两餐讲究热饭热菜。习惯吃完面或饺子后喝面汤。

天津人比北京人更爱米饭，普遍爱食海味。早点多以豆腐脑为主。喝咸味豆浆，吃煎饼果子等。此外，天津人对本地的一种面食"狗不理"包子尤为偏爱。

（三）华东地区

以苏州为中心的苏南饮食文化，历史悠久，在中外文化史上均有盛誉。苏南人口味清淡，忌食辛辣之物，少用调料、辅料，特别讲究保持食物、菜肴的原色原味。而苏北人日常以稻米、面粉、杂粮为主食，喜食鱼类和时鲜蔬菜。

浙江人，多以大米为主食，辅以玉米、番薯等杂粮。

上海人饮食较为讲究，口味以清淡为主，一年四季都喜欢吃新鲜、细嫩的蔬菜，尤其偏爱油菜。上海人一日三餐中，早餐多爱吃泡饭，午、晚两餐则以大米饭为主食，并辅以各种炒菜，吃面条时也讲究清淡。

福建地区海产品极为丰富，福建人多食水产，春季吃鳗、鳝，冬季吃鲷、鲳。

江西地区一日三餐以大米为主，辅以甘薯、米粉。甘薯的吃法很多，人们多习惯于煮、烤或加工成薯干。米粉的食法也多有讲究，可做成炒粉、汤粉、凉拌等花样。南昌人还习惯以牛肉或猪肉炒米粉，肉嫩味鲜，百吃不厌。发糕、灯芯糕、煨牛肉月饼等饼糕也是江西人喜欢吃的主食。

安徽人一般口味尚甜，普遍喜食辣味。"冬天爱食牛羊肉，春秋喜食肥猪肉"是安徽人的饮食季节变化特点。主食喜爱米饭，对面食不大感兴趣。

山东人一般口味喜咸鲜。黄豆芽、绿豆芽是当地人爱吃的菜品，普遍爱吃生葱、豆腐、粉皮等。主食以面为主，特别偏爱发面馒头、包子、饼和锅饼等。

（四）华中地区

湖南大部分地区种植水稻，一日三餐多以大米为主食，辅以玉米及薯类，极少食用面食。湖南人不分男女老幼，普遍嗜辣。无论是日常三餐，还是酒家宴会，或是朋友小酌，总得有一两样辣椒菜。

河南人以咸味为主，豫西人喜酸辣。爱吃猪肉，爱用葱、蒜作调味品。面粉、杂粮为日常主食，一般都喜食鲜米、鲜面。麻酱面、炸酱面、清汤面是河南人常吃的主食。

湖北人口味咸、甜皆宜，还爱酸苦等。湖北人爱吃糍粑、热干面、米皮，豆丝人人都喜欢，还吃淡水鱼和猪肉。湖北人吃饭爱用鲜姜，喝汤喜欢放些黑胡椒来调味。

（五）华南地区

广东人以大米为主食，喜食杂食，不仅吃猪、牛、羊、鸡、鸭、鹅、鱼、虾、蟹，还吃狗、蛇、鼠、龟、猴、蛙、虫等，调味以甜味为主，酸辣次之。

广西人一般喜清鲜爽口的辣、酸味菜肴。爱吃田鸡肉、狗肉、羊肉，也爱吃油炸香味食品。主食以米饭为主，面食只占调剂的位置。

海南人一般口味喜清淡，爱辣味和甜味。大多爱吃米食，尤其偏爱海鲜品及肉类中的羊肉。海南人一般一日三餐，几乎顿顿饭离不开粥，米粉是民间喜爱的食品。海南人爱饮咖啡要胜过饮茶。

（六）西北地区

陕西人一般口味喜酸辣，以面食为主食，菜肴的主要调品是胡麻油。此外，陕西各地的居民生活习惯也有差异，西安地区素以羊肉烩馍闻名；陕南人对米和米粉皮尤其偏爱；陕北人吃汤面喜佐盐花、红辣椒、酸黄瓜。

甘肃人主食也是面食，而制作方法很多，主要有臊子面、拉面、浆水面等。

（七）西南地区

四川人一般口味喜麻辣，除此之外，亦崇尚厚味、多味，味型广泛，如：咸鲜、鱼香、糖醋、香糟、怪味、豆瓣、红油等。四川人以米饭为主食，也喜吃面、米粉等。担担面、红油抄手等是四川人喜爱的名吃。

云南人一般口味喜酸、辣、甜。习惯用菜油和猪油烹调菜肴。爱吃米饭，喜食细米粉，有猪油拌米饭的饮食嗜好。

贵州人一般口味喜欢辣。习惯用菜油和猪油烹制菜肴。普遍喜欢米饭，很少吃面食。大米除蒸饭外，还制成米粉，配以牛肉、羊肉吃。贵州人早餐习惯吃面条、馒头、包子，午、晚餐多吃米饭和炒菜；腌菜是贵州人日常餐桌上的必备之品。

（八）港澳台地区

香港人口味一般喜清淡，偏爱甜味道，一般以米为主食，也喜欢吃面食，特别喜欢家乡风味闽菜、粤菜；肉类方面爱吃鱼、虾、蟹等海鲜品，以及鸡、鸭、蛋类、猪肉、牛肉、羊肉等；蔬菜方面爱吃茭白、油菜、西红柿、黄瓜、柿子椒等；调料方面爱用胡椒、花椒、料酒、葱、姜、糖、味精等。比较爱吃煎、烧、烩、炸等烹调方法制作的菜肴。

澳门人迎宾待客总乐于一道上市场的茶楼或酒楼，其饮食习惯与香港人、广东人接近。

台湾人口味与福建人相近，一般喜清淡，爱微甜味道，一般以米为主食，也很喜欢各种面食品种，对大陆的家乡风味十分偏爱；肉类方面爱吃鱼类、海产品、鸡、鸭、猪肉、牛肉、羊肉及各种野味品等；蔬菜方面爱吃油菜、黄瓜、西红柿、茄子、菜花、竹笋；调料方面爱用胡椒、花椒、丁香、味精、盐、醋、料酒、酱油等。比较爱吃煎、干炸、爆炒、烧、烩等烹调方法制作的菜肴。

任务二　中西宴会礼仪

1. 了解基本宴会礼仪。
2. 理解中西方宴会礼仪差异。

1. 能够描述不同宴会礼仪。
2. 能够将所学宴会礼仪应用到实际宴会中。

宴会赏析

开国第一宴

1949 年 10 月 1 日开国大典当晚，北京饭店承办了第一次国宴，即以淮扬风味菜肴为主的"开国第一宴"。"开国第一宴"的菜肴主要为淮扬风味。开国大典之夜，中共中央负责人、中国人民解放军高级将领、各民主党派和无党派民主人士、社会各界知名人士、国民党军队的起义将领、少数民族代表，还有工人、农民、解放军代表，共 600 多人出席了在北京饭店举办的第一次国宴，总共 60 多桌，此次宴会后来被称为"开国第一宴"。由于出席宴会的嘉宾来自五湖四海，口味不一，为了能做到"兼顾"，宴会决定选择口味适中的淮扬菜，而当时北京饭店只有西餐，便邀请了当时北京有名的淮扬饭庄——玉华台的朱殿荣等 9 位淮扬菜大师前来掌勺"开国第一宴"。

国宴历来是中国礼宾工作的重头戏，在这个生动而紧张的舞台上，在一个个故事里，历史蜿蜒展开。对北京饭店来说，不仅办"开国第一宴"是头一回，就是办如此正规的大型中餐宴会也是首次。当时的宴会总管由"宴会设计师"郑连福担任，他在北京饭店长期任宴会总管一职，对业务比较精通。为了办好这次国宴，北京饭店的领导可算是费尽了心思。时任政务院（现在的国务院）典礼局局长的余心清也亲自出马。余心清是新中国留用的礼宾专家，他对北京餐饮业了如指掌，哪家饭馆是什么风味，有哪些招牌菜，有多少位名厨，经营情况如何，他都如数家珍，娓娓道来。考虑到出席这次国宴的宾客来自五湖四海，周恩来总理决定选用兼容南北菜系之长、适合大众口味的淮扬菜招待客人。但当时的北京饭店缺乏中餐的制作经验，于是，经周恩来总理亲定，北京饭店专门从京城有名的淮扬饭庄——玉华台调来淮扬菜名厨朱殿荣、孙久富、王杜昆等 9 名厨师，为"开国第一宴"掌勺。郑连福对"开国第一宴"的组织与安排几乎完美无瑕，几十张餐桌摆得疏密得当，主桌的安排既突出，又可以和一般的来宾席互相呼应，便于主桌上的首长们互相交谈，也便于主桌上的首长和其他来宾交流。上菜的路线宽窄适当、布设合理，服务程序也考虑得周到细致。

郑连福回忆说："虽然过去了多年，但我仍清楚记得，宴会由开胃小碟、冷菜、热菜、点心和水果几部分组成，其中冷菜数量最多，共设有 8 道，随后是 6 道热菜：分别是鲍鱼浓汁四宝、东坡肉方、蟹粉狮子头、鸡汁煮干丝、清炒翡翠虾仁和全家福。最后还有炸年糕、黄桥烧饼、艾窝窝、淮扬汤包 4 道点心和水果供客人享用。"虽然"开国第一宴"上的菜肴听上去都很平常，但是它背后蕴含的东西很多。比如，一道"佛跳墙"，至少要熬三天三夜，由此看来，国宴菜的精髓并不在于样式的奢繁，看起来貌不惊人的菜品，其功夫往往深藏于其中。厨师的水平高低主要体现在调味的汤上。最好的汤就是用鸡熬出的汤，看起来清淡，但味道很浓，开水白菜就是用这样的汤调制出来的。就是这些虽不豪华但却制作精良、口味适中的特色佳肴，令满堂宾客对中国传统美食产生了好感，也为日后国宴的风格定下了基调。此后 10 年间，每年一次的国庆招待会都在北京饭店举行，这样一直延续到了 1959 年。

在开国第一宴上，餐厅的服务员们有着与以往完全不同的感觉。过去，他们经常为达官显贵服务，今天参加宴会的有许多是朴实的农民、像山岩一般坚强的战士、如铁塔一般强壮的工人，他们和自己一样，是普普通通的劳动者，是最平凡不过的老百姓，这使北京饭店的员工产生一种亲切感，更体会到了新中国是劳动人民当家作主的新国家。

（资料来源：王梦悦.记录开国第一宴［J］.党史纵横,2012(7):14-16.）

一、宴会礼仪常识

（一）入座

入座时，主人或者长者主动安排众人入座；来宾在长者或女士坐定后，方可入座；入座时，男士为身边（尤其是右边）的女士拉开座椅并协助入座。

（二）座次

宴会座次基本上按照以右为尊的原则，将主宾安排在主人的右侧，次主宾安排在主人的左侧。参加人数较多的宴会，主人应安排桌签以供客人确认自己的位置。

（三）体态

入座后姿势端正，脚放在本人座位下，不跷腿，不抖动腿脚，也不可任意伸直；胳膊肘不放在桌面上，也不要向两边伸展影响他人。

（四）交流

宴请是一种社交场合，在餐桌上要关心别人，尤其要招呼两侧的女宾；口内有食物，应避免说话，也不要敬酒；宴会上应营造和谐温馨的氛围，避免涉及死亡、疾病等影响用餐气氛的话题。

（五）布菜

主人可为身边的客人布菜，布菜应使用公勺或公筷。布菜时要照顾客人的饮食偏好，如果客人不喜欢或者已经吃饱，就不再为客人夹送。

（六）斟酒与敬酒

主人先为主宾斟酒，若有长辈或者贵客在座，主人也应先为他们斟酒。主人为客人斟酒时，客人以手扶杯表示恭敬和致谢。首次敬酒由主人提议，客人不宜抢先；敬酒以礼到为止，各自随意，不应劝酒。

（七）散席

一般由主人表示宴会结束，主人、主宾离座后，其他宾客方可离开。用餐结束后，筷子不能一横一竖交叉摆放，不能插在饭碗里，不能搁在碗上。

二、中西宴会礼仪差异

（一）饮食内容的差异

中国自古以农业文明占主导地位，在饮食内容上，以粮食作物为主，辅之以蔬菜和少量肉类，植物类菜品在饮食结构中占着主导地位，据调查，中国人吃的蔬菜有 600 多种，比西方多 6 倍。西方人在饮食上多是肉类和乳制品，如牛肉、鸡肉、猪肉、羊肉、鱼以及牛奶、奶油、奶酪等，蔬菜和水果等则作为辅食或配料。

（二）上菜顺序的差异

中餐宴会上菜顺序一般讲究先凉后热，先炒后烧，先清淡后浓味，最后是主食。西餐宴会上菜顺序一般是先开胃菜后副菜、先汤类后主菜，最后是蔬菜、甜点和咖啡。

（三）餐具的差异

中餐宴会上一般使用筷子和碗。因地理原因，我国温带气候居多，植被丰富，自古代就有挖掘野菜的习惯，用火煮时古人用树枝十分方便，随着农耕文明的发展，古人渐渐将树枝进行打磨，由此产生了筷子。而西餐宴会上餐具以刀叉为主，这是因为欧洲牧草丰盛，畜牧业发达，多牛、羊。刀是宰杀的工具，叉是穿烤的工具，后来逐渐演变为餐具。

（四）座次安排的差异

传统的中餐正式宴会采用圆桌，圆桌可以更好地使每个人夹到菜。座次方面，一般主人会坐在正对门的地方，为的是及时看到客人并做出迎接的准备。通常最重要的客人会被安排到主人的左手边，第二重要的客人则被安排到主人的右手边，以此类推。

而西餐因为菜品不多，多采用长桌，每人面前是同一份菜式。座次方面，通常男女主人会分别落座在长桌的两边，男主人在正对大门或是包房入口的一边，女主人则在背对门的那边。男主人右侧的第一个位子为女性第一主宾客，而左侧的第一个位子为男性第二主宾客；女主人右侧的第一个位子为男性第一主宾客，左侧的第一个位子为女性第二主宾客，以此类推，男女穿插而坐，可以保证就餐时对面一定是异性，左右两边也是异性，如图8-1所示。

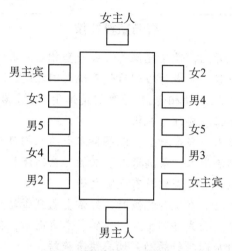

图8-1 西餐正式宴会座次安排

（五）出席时间的差异

在参加宴会时，中国人具有多样化的时间观念，在出席宴会时常常倾向于"迟到"，这种"迟到"是指客人在规定的时间半小时之后到达，而主人通知的客人出席时间与正式宴会的开始时间也会有一定的"缓冲"时间，主人会在这段"缓冲"时间内安排一些其他活动，如喝茶，打牌等。而西方人的时间观念单一，时间观念非常强烈，各种活动都会按照预定的时间开始，宴会要求参会者准时到达，否则将被视为没有礼貌，是对主人以及其他客人的极大不尊重。

（六）进餐礼仪的差异

由于在中餐宴会中，人们喜欢坐在一起进餐，共同夹一个盘子里的菜，所以当宴会开始时，所有的人都会等待主人，只有当主人请大家用餐时，才表示宴会开始，即客随主便。而主人一般先给主宾夹菜，请其先用。当有新菜上来，请主人、主宾和年长者先用以示尊敬。主人还要招待好客人，时不时要给客人夹菜，询问客人的需要，一定要使客人吃好喝好。

西方人习惯各点各的菜，即使是大家吃同一道菜，人们也会使用公共餐具把菜盛到自己碗中食用。人们认为饭店是公共场合，所以整个进餐过程中相互之间交谈要轻言细语，不高声喧哗，进餐时不能发出不悦耳的声音。在宴会上不但要衣着整齐，往往还要求穿礼服，并要求坐姿端庄。

（七）表示停餐方法的差异

宴会中暂时停餐，可以把筷子直搁在碟子或者调羹上。如果将筷子横放在碟子上，就表示酒足饭饱不再进膳了。在西方停餐休息时，刀叉的摆法不同，意思也不同。

◆◆◆ 知识链接 ◆◆◆

春节家宴礼仪

据文献记载，从周代开始，饮食礼仪已形成一套相当完善的制度，特别是经曾任鲁国祭酒的孔子的称赞和推崇，而成为历朝历代表现大国之貌、礼仪之邦、文明之所的重要方面。春节期间家人团聚，亲朋相会，头号事就是忙于"吃"。为了在新春佳节吃得营养、卫生、文明、开心，家宴必须要注重礼仪。

（1）酒满茶半以礼待人。当今社会，以茶待客成为人们日常社交和家庭生活中普遍的交往方式。俗话说，酒满敬人，茶满欺人。敬酒时应斟满杯，而奉茶时则应注意不要斟得太满，以七、八分满为宜。否则就有逐客之嫌。

（2）饭桌转盘顺时慢转。在聚会吃饭时，经常会遇到带转盘的圆桌，如果宴会上有长幼之别，一道菜刚上来，应先转到主人、主宾、尊者面前，待他们享用之后，其他人再慢转转盘。并且，转盘应顺时针转动，切忌快速旋转。

（3）鱼头鱼尾有说法。家庭宴会当中，主人应将鱼头朝向桌上辈分最大、职务最高的人摆放，由他首先吃鱼。如果有人没等鱼头对着的人说话，就抢先动筷子，便会被人耻笑为不懂规矩或者没有见过大场面。

（4）"拱手抱拳礼"双手有高低。大多数情况下的拱手礼应该是左手在上，右手在下，即左手压住右手。这是因为人们一般使用右手持兵器，用左手压住右手则象征或表达了中国人热爱和平的意愿。

💡 案例分析

某男士参加宴会，在宴会开始后，他为了吃得畅快，在座位上先是脱掉了西装外衣，后来又摘下了领带。在用餐的过程中，他一边嚼东西一边与左右的人说话，手中的筷子还在空中不断挥舞，不时劝周围客人喝酒。在就餐将要结束时，他可能吃东西塞牙了，直接用手抠牙齿，手上沾满了口水，之后竟然用抠过牙的手直接抓水果吃。

结合本案例，分析以下问题：

请找出这位男士就餐时的不当之处。

参 考 文 献

[1] 孙娴娴. 餐饮服务与管理综合实训［M］.3 版 . 北京 ：中国人民大学出版社，2021.

[2] 王秋明，王久成，刘瑞军. 主题宴会设计与管理服务实务［M］.3 版 . 北京 ：清华大学出版社，2022.

[3] 周卓鹏. 新时期中国星级酒店主题宴会的设计与管理研究［D］. 桂林 ：桂林旅游学院，2017.

[4] 叶伯平. 宴会设计与管理［M］.5 版 . 北京 ：清华大学出版社，2017.

[5] 梁崇伟. 宴会项目筹办管理实务［M］. 北京 ：中国轻工业出版社，2019.

[6] 王天佑. 宴会运营管理［M］. 北京 ：北京交通大学出版社，2019.

[7] 谢艺. 应用技术大学酒店管理专业学生培养路径研究［D］. 天津 ：天津工业大学，2019.

[8] 丁春玲. 国内外酒店管理模式比较分析［D］. 长春 ：吉林大学，2005.

[9] 孔英丽. 体验经济下主题宴会餐台设计研究［D］. 郑州 ：河南大学，2014.